鸿蒙应用开发技术 | **HarmonyOS**

# ArkTS
# 鸿蒙应用开发
## 入门到实战

朱 博
——
著

U0238472

中国水利水电出版社
www.waterpub.com.cn
·北京·

## 内 容 提 要

《ArkTS 鸿蒙应用开发入门到实战》是一本系统介绍 HarmonyOS 应用开发的专业书籍，旨在帮助开发者快速掌握 HarmonyOS 的核心技术及其应用。本书从基础到进阶再到实践，通过理论讲解与实战演练相结合的方式，带领读者全面了解 HarmonyOS 的生态体系和开发流程。

本书分为三篇，第一篇为基础篇，包括 HarmonyOS 概述、初识 HarmonyOS 应用开发、ArkTS 语言入门、ArkUI 框架入门；第二篇为进阶篇，包括布局容器、基础组件、高级组件、HarmonyOS 低代码开发；第三篇为实践篇，包括 HarmonyOS 端云一体化开发，实战项目"生活圈记"、"小鸿在线答题"元服务、"活动召集令"元服务、"马背上的家乡"元服务。

无论是初学者还是有一定经验的开发者，本书都能为读者提供全方位的指导与参考，帮助读者高效开发出性能卓越、体验优异的 HarmonyOS 应用，开启属于读者的鸿蒙生态开发之旅。

**图书在版编目（CIP）数据**

ArkTS 鸿蒙应用开发入门到实战 / 朱博著. -- 北京：
中国水利水电出版社，2025.3. -- ISBN 978-7-5226
-3073-1

Ⅰ. TN929.53

中国国家版本馆 CIP 数据核字第 2025TU5532 号

| | | |
|---|---|---|
| 书　　名 | ArkTS鸿蒙应用开发入门到实战<br>ArkTS HONGMENG YINGYONG KAIFA RUMEN DAO SHIZHAN | |
| 作　　者 | 朱 博 著 | |
| 出版发行 | 中国水利水电出版社<br>（北京市海淀区玉渊潭南路1号D座　100038）<br>网址：www.waterpub.com.cn<br>E-mail：zhiboshangshu@163.com<br>电话：（010）62572966-2205/2266/2201（营销中心） | |
| 经　　售 | 北京科水图书销售有限公司<br>电话：（010）68545874、63202643<br>全国各地新华书店和相关出版物销售网点 | |
| 排　　版 | 北京智博尚书文化传媒有限公司 | |
| 印　　刷 | 北京富博印刷有限公司 | |
| 规　　格 | 185mm×260mm　16开本　16.75印张　487千字 | |
| 版　　次 | 2025年3月第1版　2025年3月第1次印刷 | |
| 印　　数 | 0001—3000册 | |
| 定　　价 | 89.80元 | |

**凡购买我社图书，如有缺页、倒页、脱页的，本社营销中心负责调换**

**版权所有·侵权必究**

# 前　言

在这个数字化转型加速的时代，智能设备和万物互联的需求日益增长。作为一款面向未来的操作系统，HarmonyOS（鸿蒙操作系统）以其独特的分布式架构和跨平台兼容性成为推动智能设备互联互通的关键力量。随着 HarmonyOS 的不断发展，它不仅成为华为生态系统的核心组成部分，更在全球范围内掀起了一股技术革命，吸引了越来越多的开发者和企业加入这个充满潜力的生态系统中。

本书的编写正是基于这一背景，旨在为广大开发者、技术爱好者，以及希望在 HarmonyOS 平台上实现创新的读者提供系统化的学习和实践指导。通过本书，读者将全面了解 HarmonyOS 的核心理念与技术特性，掌握从基础到高级的开发技能，并通过一系列实战项目，深入体验如何在 HarmonyOS 生态中打造高效、智能的应用。

全书共 13 章，从 HarmonyOS 的基础概念到 ArkUI 框架，从低代码开发到端云一体化开发，再到具体的实战项目案例，每章都力求通过详尽的讲解和丰富的代码实例帮助读者一步步掌握 HarmonyOS 应用开发的精髓。无论是刚刚接触 HarmonyOS 的新手，还是已经具备一定开发经验的技术人员，都能在本书中有所收获。

在实战项目部分，作者精心设计了多个富有挑战性的案例，如"生活圈记"、"小鸿在线答题"元服务、"活动召集令"元服务、"马背上的家乡"元服务等，这些项目涵盖了日常生活中的各类场景，旨在通过实践提升读者的开发能力，并为今后的项目开发提供参考。

## ➔ 鸿蒙产品定位

随着鸿蒙不再兼容安卓操作系统（Android），鸿蒙应用开发的市场需求量明显增大。目前市场上关于 ArkTS 的入门书籍较少，对于想入门学习鸿蒙开发的开发者来说难度很大。为此，作者凭借多年的鸿蒙开发学习经验，从初学者的角度出发，帮助读者轻松入门，循序渐进地掌握鸿蒙应用开发的基础知识。

随着鸿蒙版本的迭代，目前市场上以 Java 语言或 JavaScript 语言为主体的鸿蒙应用开发类书籍已不再适用。ArkTS 作为鸿蒙开发的主流语言，未来也将主导鸿蒙开发的趋势。本书从 ArkTS 入门基础开始讲解，符合时代特征，可以长期适应读者学习鸿蒙开发入门的需求，避免被淘汰。

本书从 ArkTS 基础语法讲起，只要读者具备基础的 JavaScript 语法知识，即可通过本书入门鸿蒙开发。本书基础篇从概念入手，到 TypeScript 重点语法，再到 ArkTS 的详细讲解，能够让读者快速上手。本书进阶篇包含多个实战开发项目，包含鸿蒙开发的两种形态：从传统概念中的 HarmonyOS 应用开发到元服务开发实战。

## ➤ 本书主要内容

### 基础篇（第 1~4 章）

基础篇主要介绍了 HarmonyOS 的核心概念和开发环境的搭建。包括对 HarmonyOS 的发展历史、核心技术理念、ArkTS 语言和 ArkUI 框架的详细介绍。通过这些章节的学习，读者可以获得对 HarmonyOS 整体架构的深刻理解，为后续的开发工作奠定坚实的基础。

### 进阶篇（第 5~8 章）

进阶篇深入探讨了布局容器、基础组件和高级组件的使用方法，帮助读者掌握如何创建复杂的用户界面。通过对各种布局和组件的详细讲解，读者可以有效地设计灵活的界面和功能实现，提升应用开发效率。

### 实战篇（第 9~13 章）

实战篇通过一系列实际项目案例，帮助读者将所学知识应用到实际开发中。涵盖了端云一体化开发，以及多个具体的应用项目，如"生活圈记"、"小鸿在线答题"元服务、"活动召集令"元服务、"马背上的家乡"元服务。通过这些项目，读者可以了解在实践开发过程中的各类技术，实现从设计到部署的全面掌握。

## ➤ 本书特色

### 深入的技术讲解与丰富的实例

本书不仅深入解析了 HarmonyOS 的核心技术，还通过大量实际案例帮助读者更好地理解和应用这些技术。每个章节都提供了详细的技术讲解和真实的应用场景，使读者能够快速掌握关键概念。

### 丰富的实践和实验内容

本书提供了丰富的实践和实验内容，旨在帮助读者在实际操作中掌握开发技能。通过动手实践，读者可以加深对 HarmonyOS 开发过程的理解，并获得宝贵的实战经验。

### 采用前沿的鸿蒙开发技术

本书涵盖了 HarmonyOS 最新的开发技术和工具，包括 ArkTS 语言、ArkUI 框架、端云一体化开发等。无论是基础知识还是高级应用，本书都紧跟技术发展趋势，确保读者掌握当前最先进的开发技能。

### 编写形式更加贴近读者，适用人群广泛

本书内容通俗易懂，案例丰富，实用性强，既可以作为鸿蒙应用开发初学者和爱好者的入门书，也可以作为鸿蒙应用开发工程师、相关院校专业的学生、IT 类培训学员等的开发秘籍。

## ➤ 本书资源获取方式

（1）使用手机微信"扫一扫"功能扫描下面的二维码，或者在微信公众号中搜索"人人都是程序猿"公众号。关注后，输入图书封底的 13 位 ISBN 号至公众号后台，即可获取本书的各类资源下载链接。将该链接复制到计算机浏览器的地址栏中，根据提示进行下载（注意，不要直接点击链接下载，也不建议使用手机下载和在线解压）。关注"人人都是程序猿"公众号，还可获取更多新书资讯。

（2）读者也可加入《ArkTS 鸿蒙应用开发入门到实战》的学习交流圈，查看本书的资源下载链接和进行在线交流学习。

**说明**：为了方便读者学习，本书提供了大量的素材资源供读者下载，这些资源仅限于读者学习使用，不可用于其他任何商业用途。否则，由此带来的一切后果由读者承担。

HarmonyOS 的前景广阔，未来可期。希望本书能够成为读者在 HarmonyOS 开发之路上的良师益友，帮助读者在这一创新平台上开拓出属于自己的天地。愿我们一起携手，迈向更加智能的未来！

本书中部分内容为作者以往学习笔记转化而来，存在不当之处在所难免，敬请读者不吝指正，以便进一步修改和完善。

朱　博

2024 年 11 月

# 目 录

## 基 础 篇

# 进 阶 篇

ArkTS 鸿蒙应用开发入门到实战

目

录

## 实 践 篇

目 录

# 基础篇

# 第 1 章　HarmonyOS 概述

在数字化浪潮的推动下，移动应用开发已成为现代科技领域的重要一环。HarmonyOS 作为华为推出的新一代智能终端操作系统，凭借其独特的分布式技术，为用户带来了前所未有的智慧化体验。本章将带领读者深入探讨华为公司引领的操作系统革命中的一项关键创新——HarmonyOS。我们将从 HarmonyOS 的背景及发展历程出发，逐步了解其核心概念、ArkTS 语言及 ArkUI 框架，逐步揭开 HarmonyOS 的神秘面纱。

# 1.1　HarmonyOS 的发展史与发展潜力

随着全球数字化进程的加速，智能终端设备的普及与应用已成为推动社会进步的重要力量。在这一背景下，移动应用开发不仅成为科技企业的核心竞争力之一，也成为推动技术创新和用户体验升级的关键。华为作为全球领先的通信技术解决方案提供商，凭借其深厚的技术积累和市场洞察力，推出了新一代智能终端操作系统——HarmonyOS。

HarmonyOS 的诞生，是华为在操作系统领域的一次重大突破和创新。它的出现，不仅标志着华为在智能终端操作系统领域的深度布局，也展示了其在面对全球科技竞争中的战略眼光和技术实力。

自 2019 年华为首次公开 HarmonyOS 以来，该系统经历了多个版本的迭代和优化。从最初的 1.0 版本到现在的最新版本，HarmonyOS 不断引入新技术、新功能，以满足用户日益增长的智慧化需求。其独特的分布式技术使得不同设备之间能够实现无缝连接和协同工作，为用户提供了更加流畅、便捷的使用体验。

HarmonyOS 作为华为自主研发的分布式操作系统，其诞生与发展不仅彰显了华为在技术创新领域的坚定步伐，更标志着中国在全球操作系统领域取得了重大突破。这一全新的分布式操作系统是面向万物互联时代的。

## 1.1.1　HarmonyOS 的发展史

华为的 HarmonyOS 发展经历了多个阶段，每个阶段都伴随着重要的里程碑，大致可分为 9 个标志性事件，见表 1.1。

表 1.1　HarmonyOS 发展标志性事件

| 时　间 | 事　件 |
| --- | --- |
| 2019 年 8 月 9 日 | 华为在开发者大会上正式发布 HarmonyOS |
| 2019 年 8 月 10 日 | 荣耀发布荣耀智慧屏、荣耀智慧屏 Pro，搭载了 HarmonyOS |
| 2020 年 9 月 10 日 | 华为发布了 HarmonyOS 2.0，分布式能力得到重大提升 |
| 2021 年 6 月 2 日 | 华为发布了适用于手机等移动终端的 HarmonyOS 2.0 |
| 2022 年 7 月 27 日 | 华为发布了 HarmonyOS 3.0，带来全面升级的智能生活体验 |
| 2023 年 8 月 4 日 | 华为发布了 HarmonyOS 4.0，构建全新的智慧生态体系 |
| 2024 年 1 月 18 日 | 华为发布了 HarmonyOS NEXT 星河版，内核完全自研 |
| 2024 年 6 月 21 日 | 华为发布了 HarmonyOS NEXT 仓颉编程语言开发者预览版 |
| 2024 年 10 月 22 日 | 华为 HarmonyOS 5.0 正式发布，星河璀璨，共见鸿蒙 |

华为发布的 HarmonyOS NEXT 星河版，标志着该操作系统在技术上迈向了一个新的里程碑。其完全自主研发的内核意味着华为在操作系统的核心部分拥有了更大的控制权和自主性。

综上所述，HarmonyOS 的发展经历了多个阶段，每个阶段都伴随着重要的里程碑，这展现了华为在操作系统领域的持续创新和发展实力。随着技术的不断进步和生态系统的不断完善，HarmonyOS 有望在未来成为全球智能终端领域的重要力量之一。

### 1.1.2　HarmonyOS 的发展潜力

HarmonyOS 的崛起已经成为近年来最引人瞩目的技术之一。经过五年多的发展，HarmonyOS 已经构建起了全新的智慧生态体系，彻底改变了智能终端的交互方式，其完整的生态对于行业和开发者都具有巨大的吸引力，在手机操作系统领域有着巨大的潜力。

#### 1. 技术优势

HarmonyOS 在技术上具有诸多优势，如分布式技术、组件化设计方案，以及强大的生态构建能力。这些优势使得 HarmonyOS 能够在不同形态的终端设备上实现快速连接、能力互助、资源共享，为用户提供流畅的全场景体验。同时，它还能降低应用开发者的开发难度和成本，让开发者更加便捷、高效地开发应用。

#### 2. 市场增长

根据市场研究机构的报告，目前 HarmonyOS 已成为继 Android 和 iOS 之后的第三大手机操作系统，并且在中国的市场份额持续增长。这表明 HarmonyOS 已经具备了与主流操作系统竞争的实力，并且在未来的发展中有可能继续扩大市场份额[1]。

#### 3. 产业链完善

HarmonyOS 的产业链正在不断完善，包括终端设备、应用开发者、系统服务商等多个环节。华为正在积极推动 HarmonyOS 在更多终端设备上的落地，包括智能手机、PC、平板、智能手表等。同时，越来越多的应用开发者开始为 HarmonyOS 开发原生应用，这有助于丰富 HarmonyOS 的应用生态。

#### 4. 国际化发展

随着 HarmonyOS 的不断发展，华为也在积极推动其国际化进程。HarmonyOS 已经得到了越来越多的国家和地区的认可，并且正在与全球合作伙伴共同推动其在全球范围内的应用和推广。

综上所述，HarmonyOS 作为华为自主研发的操作系统，具有广阔的行业前景和巨大的发展潜力。随着其技术优势和市场份额的不断提升，以及产业链的不断完善和国际化进程的加速推进，HarmonyOS 有望在未来成为移动操作系统市场的重要力量。

## 1.2　HarmonyOS 应用开发的核心概念

HarmonyOS 应用开发的核心概念包含一次开发、多端部署，可分可合、自由流转，统一生态、原生智能等。本节将从 HarmonyOS 应用概述、HarmonyOS 的三大核心技术理念和 HarmonyOS 应用开发的语言体系三个方面进行介绍。

### 1.2.1　HarmonyOS 应用概述

HarmonyOS 应用是基于华为鸿蒙操作系统开发的各类应用程序，这些应用充分利用了鸿蒙操作系统的分布式特性，实现了设备间的无缝协同和资源共享。以下是对 HarmonyOS 应用的概念、组成、特点和种类的详细介绍。

#### 1. HarmonyOS 应用的概念

HarmonyOS 应用是运行在华为鸿蒙操作系统上的软件程序，它们通过鸿蒙操作系统的分布式技术，将不同设备间的功能和数据进行整合，为用户提供更流畅、更便捷的全场景体验。这些应用可以是原生的，也可以是经过适配的第三方应用。

### 2. HarmonyOS 应用的组成

HarmonyOS 应用主要由用户界面（UI）、业务逻辑、数据处理等部分组成。其中，UI 部分负责应用的视觉展示和用户交互；业务逻辑部分实现应用的核心功能；数据处理部分则负责数据的存储、处理和传输。这些部分共同构成了完整的 HarmonyOS 应用。

### 3. HarmonyOS 应用的特点

HarmonyOS 应用的特点主要体现在以下六个方面。

（1）分布式能力：HarmonyOS 应用充分利用了分布式技术，实现了跨设备无缝协同。这意味着应用不仅可以在单一设备上运行，还可以在多个设备间共享数据、功能和界面，提供连续且一致的用户体验。

（2）原生支持多设备类型：与传统应用只能针对特定设备类型进行开发的情况不同，HarmonyOS 应用原生支持多种设备类型，如手机、平板、电视、穿戴设备等。开发者只需一次开发，就能实现在不同设备上的适配和运行，大大提高了开发效率。

（3）统一的开发环境：HarmonyOS 提供了统一的开发环境，开发者可以使用相同的编程语言和工具链进行应用开发，降低了学习成本和技术门槛。

（4）高效的资源调度：通过微内核和分布式软总线技术，HarmonyOS 应用能够实现高效的资源调度和共享。系统可以根据设备性能和用户需求，智能地分配和调度资源，确保应用在各种场景下都能获得最佳的运行效果。

（5）丰富的场景体验：HarmonyOS 应用支持多场景无缝切换，可以根据用户的实际场景需求，提供个性化的服务和体验。例如，在智能家居场景中，用户可以通过手机控制家电设备，实现智能生活；在出行场景中，用户可以通过车载设备享受音乐、导航等服务。

（6）高安全性：HarmonyOS 对应用的安全性进行了严格的控制和管理，包括权限管理、数据加密、安全审计等，确保用户数据的安全和隐私保护。

HarmonyOS 应用以其分布式能力、原生支持多设备类型、统一的开发环境、高效的资源调度、丰富的场景体验和高安全性等特点，为用户提供了全新的智能体验 [2]。

### 4. HarmonyOS 应用的种类

HarmonyOS 应用是利用 HarmonyOS SDK 开发的应用程序，在华为终端设备（如手机、平板）上运行，这些应用具有以下两种形态。

（1）传统方式的应用：需要用户进行安装的应用包。

（2）元服务：它是一种轻量级的应用形式，无须安装即可使用，随时随地提供服务，具有直接接入服务、灵活自由流通等关键特点。

综上所述，HarmonyOS 应用是基于华为鸿蒙操作系统开发的应用程序，充分利用分布式技术实现跨设备无缝协同，具备统一的开发环境和高效的资源调度，其特点包括原生支持多设备类型、丰富的场景体验和高安全性，可分为传统安装应用和轻量级元服务两种形态。

## 1.2.2 HarmonyOS 的三大核心技术理念

HarmonyOS 的三大核心技术理念共同构成了 HarmonyOS 的核心竞争力，推动了其生态的快速发展。HarmonyOS 的三大核心技术理念结构如图 1.1 所示。

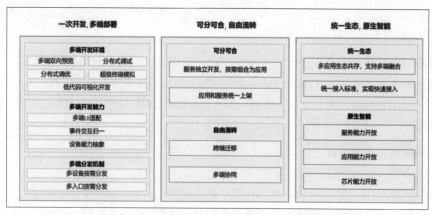

图 1.1  HarmonyOS 的三大核心技术理念结构

HarmonyOS 核心技术理念深刻体现了鸿蒙生态应用开发的精髓和优势，包括分布式架构与无缝协同、高效与安全性、统一开发接口与跨平台兼容性等优势。HarmonyOS 核心技术理念不仅指导着应用开发者的工作方向，也是鸿蒙生态能够持续健康发展的基石。

接下来，具体介绍 HarmonyOS 的三大核心技术理念。

### 1. 一次开发，多端部署

"一次开发，多端部署"是指一个工程，一次开发上架，多端按需部署。其目的是支持开发者更高效地开发适用于多种终端设备的应用。为了实现这一目标，鸿蒙操作系统提供了几种核心能力，包括多端开发环境、多端开发能力和多端分发机制。

"一次开发，多端部署"是 HarmonyOS 的一项重要特性和核心理念。开发者们只需要使用一套 API 进行开发，就能够同时适应手机、平板、智能电视等各种类型的设备。这样大大降低了开发的复杂性和成本，同时提升了开发效率。"一次开发，多端部署"结构如图 1.2 所示。

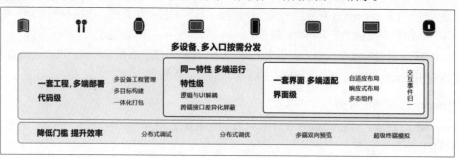

图 1.2  "一次开发，多端部署"结构

由图 1.2 可知，"一次开发，多端部署"结构具有跨平台兼容性、高效与便捷性、分布式协同能力、统一的用户体验等特点。

### 2. 可分可合，自由流转

HarmonyOS 采用了分布式体系架构，实现了多设备间的资源共享和协同。这确保了在多设备环境下，应用体验能够自由地在各个设备间流转，保证了用户体验的连贯性和丰富性。

可分可合是指鸿蒙生态中的应用和服务可以根据需求进行拆分和组合。在开发过程中，开发者通过业务解耦，将不同的业务拆分为多个模块。在应用部署阶段，开发者可以自由组合一个或多个模块，打包成一个应用程序包（App Pack），以便统一上架。在分发和运行阶段，每个模块可以独立分发，以满足用户单一的使用场景；也可以组合多个模块以满足用户更复杂的使用场景。可分可合的两种打包上架模式如图 1.3 所示。

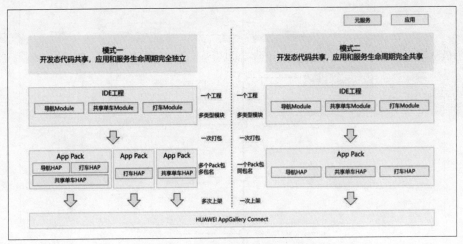

图 1.3 可分可合的两种打包上架模式

在图 1.3 中，模式一是整体式打包上架，应用的所有模块都被打包成一个整体进行上架，确保了应用的完整性和一致性。用户下载和安装的是一个完整的应用，无须担心模块之间的兼容性问题。模式二是模块化打包上架，应用的不同模块被独立打包并上架，赋予了开发者更高的灵活性。用户可以根据需求自由组合模块，满足不同场景下的使用需求。

自由流转是指这些拆分和组合后的应用和服务可以在鸿蒙生态中自由流转。鸿蒙操作系统通过统一的账户体系和设备认证机制，实现了不同设备之间的无缝连接和协同工作。这意味着用户可以在不同设备之间自由切换，而无须担心数据和服务的同步问题。

同时，鸿蒙操作系统还支持跨设备任务接续和资源共享，用户可以在不同设备上无缝继续之前的工作或娱乐体验。自由流转可分为跨端迁移和多端协同两种情况，分别对应时间上的串行交互和并行交互。自由流转不仅带给用户全新的交互体验，也为开发者搭建了一座从单设备时代通往多设备时代的桥梁。

### 3. 统一生态，原生智能

统一生态是指 HarmonyOS 在不同设备间构建了统一的操作逻辑和用法，用户在各个设备间切换时得到的都是一致的用户体验。分布式系统的设计允许智能功能能够广泛嵌入系统的各个部分，提升了系统对用户需求的洞察力和满足力。

通过统一生态，鸿蒙成功构建了一个开放、共生、共荣的开发者环境，使得开发者能够在这个平台上共享资源、技术和经验。同时，HarmonyOS 与 OpenHarmony 统一生态，共同推动鸿蒙生态的繁荣发展。

原生智能主要体现在鸿蒙操作系统内置的强大 AI 能力，面向鸿蒙生态应用的开发，通过不同层次的 AI 能力开放，满足开发者的不同开发场景下的诉求，降低应用的开发门槛，帮助开发者快速实现应用智能化。

综上所述，统一生态在不同设备间建立一致的操作逻辑和用户体验，同时利用分布式系统设计提升系统的智能应用能力，从而提高系统对用户需求的洞察力和满足力。原生智能则是指鸿蒙操作系统内置的强大 AI 能力，通过不同层次的 AI 能力开放，满足开发者在鸿蒙生态应用开发中的需求，降低应用开发门槛，帮助开发者实现应用的智能化。因此，统一生态与原生智能相互促进，共同推动了鸿蒙生态的繁荣发展，为开发者提供了开放、共生、共荣的开发环境，使其能够在该平台上共享资源、技术和经验，实现应用的快速智能化发展。

### 1.2.3 HarmonyOS 应用开发的语言体系

HarmonyOS 应用开发语言体系经历了多次较大程度的升级与迭代，如图 1.4 所示。

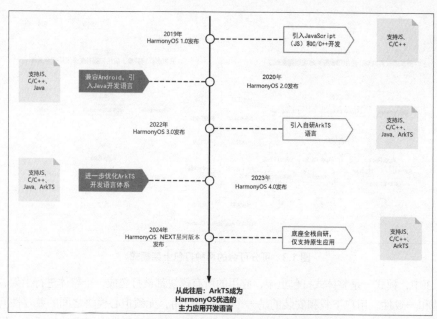

**图 1.4　HarmonyOS 应用开发语言体系发展**

在图 1.4 中，可以清楚地看到 HarmonyOS 应用开发语言体系发展的过程，详细的迭代发展过程纪要如下。

2019 年，华为首次发布了 HarmonyOS 1.0，应用于华为智慧屏。在 1.0 版本中，HarmonyOS 支持的开发语言包括 JavaScript（简称 JS）和 C/C++。其中，JS 主要用于应用开发，C/C++ 主要用于设备开发。由于早期的 HarmonyOS 仅支持智能穿戴设备，如手表等，因此使用 JS 是足够胜任的。

2020 年，华为发布了 HarmonyOS 2.0，这一版本开始兼容 Android，并引入了 Java 开发语言。它开始支持多种终端设备，包括手机、平板、智能穿戴设备、智慧屏、车机、PC、智能音箱、耳机、AR/VR 眼镜等。HarmonyOS 提供全场景的业务能力，涵盖移动办公、运动健康、社交通信、媒体娱乐等方面。此时的 HarmonyOS 才真正具备了"鸿蒙操作系统"的特征，因为它已经具备了"鸿蒙操作系统"的三大特点。

2022 年，华为发布了 HarmonyOS 3.0，引入了自主研发的 ArkTS 开发语言（原名 eTS）和方舟编译器等技术。ArkTS 基于 TypeScript（简称 TS）语言扩展而来，是 TS 的超集。其最显著的特点是在 TS 的基础上主要增强了声明式 UI 能力，即 ArkUI，使开发者可以以更简洁、更自然的方式来开发高性能的应用程序。

2023 年，华为发布了 HarmonyOS 4.0，进一步优化了 ArkTS 开发语言体系。

2024 年年初，华为发布了 HarmonyOS NEXT 星河版本，系统底座全栈自主研发，摒弃了传统的 AOSP 代码，仅支持原生应用 [3]。至此，鸿蒙时代彻底开启。方舟开发框架仅支持两种开发范式，分别是基于 ArkTS 的声明式开发范式（简称"声明式开发范式"）和兼容 JS 的类 Web 开发范式（简称"类 Web 开发范式"）。

2024 年 10 月 22 日，华为正式发布了 HarmonyOS NEXT 5.0，这是中国首个实现全栈自主研发的操作系统，标志着中国在操作系统领域取得了突破性进展。HarmonyOS NEXT 5.0 在系统底座、编程语言等核心层面实现了全面自主研发，系统的流畅度、性能、安全特性等均有显著提升。这一版本进一步巩固了鸿蒙操作系统在全球移动操作系统市场中的地位。

综上所述，从 2019 年的 HarmonyOS 1.0 到 2024 年的 HarmonyOS 5.0 版本，我们见证了鸿蒙操作系统从兼容到全栈自主研发的全过程。鸿蒙诠释了其"一次开发，多端部署""可分可合，自由流转""统一生态，原生智能"的核心理念，展示了华为在操作系统领域的创新与决心，未来有更多值得我们期待的可能性。让我们一起跟随作者学习如何使用未来主流的 ArkTS 语言来开发各种形式的 HarmonyOS 原生应用。

# 1.3　ArkTS 语言概览

ArkTS 语言是 HarmonyOS 基于 JS/TS 语言体系构建的全新声明式开发语言。它不仅兼容 JS/TS 语言生态，还扩展了声明式 UI 语法和轻量化并发机制。本节将从 ArkTS 语言简介及其扩展等方面进行介绍。

## 1.3.1　ArkTS 语言简介

ArkTS 是 HarmonyOS 的主要应用开发语言，它基于 TS 的基本语法风格，但对 TS 的动态类型特性施加了更严格的约束，并引入了静态类型。此外，ArkTS 还提供了声明式 UI 和状态管理等能力，使开发者能够以更简洁、更自然的方式开发高性能应用[4]。

## 1.3.2　ArkTS 语言的扩展

ArkTS 在 TS 生态的基础上进行了进一步扩展，继承了 TS 的所有特性，是 TS 的超集。它提供了简洁自然的声明式语法、组件化机制及数据–UI 自动关联等能力，实现了更贴近自然语言的编程方式，书写效率更高，为开发者提供易学、易懂、极简的开发体验。简洁自然的声明式语法如图 1.5 所示。

图 1.5　简洁自然的声明式语法

ArkTS 开发语言可以满足"一次开发，多端部署"的需求，真正应用于华为全生态链。此外，ArkTS 还支持低代码开发，让"人人都是开发者"的理念得以实现。

ArkTS 语言围绕应用开发在 TS 的基础上主要做了以下三个方面的扩展。

（1）基本语法方面。ArkTS 定义了声明式 UI 描述、自定义组件和动态扩展 UI 元素的能力。这些能力配合 ArkUI 开发框架中的系统组件及其相关的事件、属性和方法等，共同构成了 UI 开发的主体。

（2）状态管理方面。ArkTS 提供了多维度的状态管理机制。在 UI 开发框架中，与 UI 相关联的数据可以在组件内使用，也可以在不同组件的层级间传递，如父子组件之间、爷孙组件之间，甚至可以在应用全局范围内传递或跨设备传递。另外，从数据的传递形式来看，可分为只读的单向传递和可变更的双向传递。开发者可以灵活地利用这些能力来实现数据和 UI 的联动。

（3）渲染控制方面。ArkTS 提供了渲染控制的能力。条件渲染可以根据应用的不同状态，渲染对应状态下的 UI 内容。循环渲染通过迭代数据源逐次生成相应的组件；而数据懒加载则按需从数据源中加载数据，并动态生成相应的组件。

总的来说，ArkTS 语言在应用开发中的三个主要扩展方面，即基本语法、状态管理和渲染控制，为开发者提供了丰富的工具和能力来构建高效、灵活的 HarmonyOS 原生应用。通过灵活运用这些扩展功能，开发者能够更好地实现数据和 UI 的联动，从而为用户提供更加丰富和流畅的应用体验。

# 1.4 ArkUI 框架

ArkUI 为 HarmonyOS 应用的 UI 开发提供了完整的基础设施，包括简洁的 UI 信息语法、丰富的 UI 组件、布局、动画、交互事件，以及实时界面预览工具等，可以支持开发者进行可视化界面开发。本节将从 ArkUI 框架简介和关键特性等方面进行介绍。

## 1.4.1 ArkUI 框架简介

ArkUI 是一套构建分布式应用界面的声明式 UI 开发框架。它使用极简的 UI 信息语法、丰富的 UI 组件及实时界面预览工具，帮助开发者提升 HarmonyOS 应用界面开发效率。开发者只需使用一套 ArkTS API，就能够在多个 HarmonyOS 设备上提供生动而流畅的用户界面体验。ArkUI 框架示意图如图 1.6 所示。

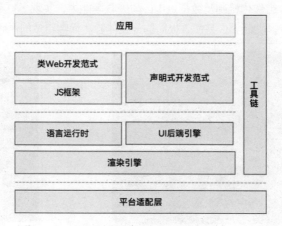

图 1.6　ArkUI 框架示意图

在开发范式上，ArkUI 框架提供了基于 ArkTS 的声明式开发范式和兼容 JS 的类 Web 开发范式，以满足不同应用场景及技术背景的开发需求。

（1）声明式开发范式：采用基于 TS 声明式 UI 语法扩展而来的 ArkTS 语言，从组件、动画和状态管理 3 个维度提供 UI 绘制能力。

（2）类 Web 开发范式：采用经典的 HTML、CSS、JS 三段式开发方式，即使用 HTML 标签文件搭建布局、使用 CSS 文件描述样式、使用 JS 文件处理逻辑。该范式更符合 Web 前端开发者的使用习惯，便于快速将已有的 Web 应用改造成 ArkTS 框架应用。

此外，ArkUI 框架还提供了一系列功能，如页面路由 API 实现页面间的调度管理、多态组件以适配不同平台上的样式，以及实时界面预览工具等，这些功能都极大地提升了开发者的开发效率和用户体验。

## 1.4.2 ArkUI 框架的关键特性

### 1. 极简的 UI 信息语法

开发者只需用几行简单直观的声明式代码即可完成界面功能。例如，想要实现一个列表，只需声明列表和 UI 样式及动画即可，然后根据期望创建一个列表。ArkUI 框架列表案例代码如下（案例文件：第 1 章 /index.ets）。

```
@Entry
@Component
struct ListTest {
  build() {
    List() {
      ListItem() {
        Text("Kotlin").fontSize(10)
      }
      ListItem() {
        Text("TypeScript").fontSize(10)
      }
      ListItem() {
        Text("ArkTS").fontSize(10)
      }
    }
    .backgroundColor('#FFF1F3F5')
    .alignListItem(ListItemAlign.Center)
  }
}
```

由上述代码可以看出，ArkUI 框架具有极简的 UI 信息语法，仅使用几行简单直观的声明式代码就实现了框架列表的功能。

### 2. 丰富的开源 UI 组件

ArkUI 框架目前开源了丰富而精美的多样化组件，能够满足大部分应用界面开发的需求。开发者可以轻松地向几乎任何 UI 控件添加动画效果，并从框架内置的一系列动画功能中进行选择，从而为用户提供流畅而自然的体验。

在这里，"多样化"是指 UI 描述是统一的，但在不同类型的设备上呈现出来的效果可能会有所不同。例如，Button 组件在手机和手表上可能会有不同的样式和交互方式。可以将动画应用到大部分 UI 组件，并具有丰富的预配置动画功能，提供流畅、自然的用户体验。ArkUI 框架丰富的开源 UI 组件如图 1.7 所示。

图 1.7 ArkUI 框架丰富的开源 UI 组件

由图 1.7 可以看出，使用基于 ArkUI 框架丰富的开源 UI 组件，可以轻松开发出各种各样的应用或元服务页面。

### 3. 原生性能体验

ArkUI 框架集成了各种内置的核心 UI 组件和动画效果，包括图片、列表、网格、属性动画和转场动画等。此外，ArkUI 还提供了经过深度优化的自主研发语言运行时。所有功能都使得应用程序和服务能够在 HarmonyOS 设备上提供与原生应用相同的性能和体验。ArkUI 框架原生性能体验如图 1.8 所示。

### 4. 实时预览机制

ArkUI 框架支持实时界面预览特性，可以帮助开发者快速进行所见即所得的开发和调测界面，无须连接真机设备即可显示应用界面在任何 HarmonyOS/OpenHarmony 设备上的 UI 效果，如图 1.9 所示。

图 1.8　ArkUI 框架原生性能体验

图 1.9　ArkUI 框架实时界面预览

由图 1.9 可以看出，ArkUI 框架的实时界面布局清晰，左侧为工程目录区，中间为代码区，右侧为预览区。这种布局使得开发者在开发过程中无须连接真机设备，即可快速地预览代码的实时渲染效果，极大地提升了开发效率。

ArkUI 框架基于底层的画布通过自绘制实现了不同平台上的一致化渲染体验，并通过渲染侧的跨平台对接层完成了整体渲染效果。此外，ArkUI 框架通过实时代码变化检测和增量编译机制，再配合高效渲染性能，实现了实时编写预览，进一步提升了开发效率。

### 5. 支持多设备开发

ArkUI 框架在架构上支持 UI 跨设备显示，它可以在运行时自动映射到不同设备类型上，降低开发者多设备适配成本，使得开发者无须感知多设备适配过程。例如，ArkUI 框架支持智能手表地图跨设备显示，如图 1.10 所示。

由图 1.10 可以看出，ArkUI 框架不仅支持手机应用开发，还扩展到了手表等其他智能设备的应用开发。利用 ArkUI 框架的跨设备显示能力，开发者能够在运行时自动将应用映射到不同的设备上，实现多设备的开发需求。

**图 1.10　ArkUI 框架支持跨设备开发**

综上所述，ArkUI 的关键特性包括极简的 UI 信息语法、丰富的内置 UI 组件、原生性能体验、实时预览机制、支持多设备开发等方面，开发者只需使用一套 ArkTS API，即可在多个 HarmonyOS 设备上提供生动而流畅的用户界面体验。

## 1.5　本章小结

本章主要介绍了 HarmonyOS 概述，包括其发展历史、行业前景及生态应用开发的核心概念。学习了 HarmonyOS 应用的基本概念，及其三大核心技术理念和应用开发语言体系。此外，还介绍了 ArkTS 语言和 ArkUI 框架，它们是 HarmonyOS 应用开发中的重要组成部分。希望读者学完本章后，能够提高对鸿蒙开发、ArkTS 及 ArkUI 框架的认识，并为 HarmonyOS 应用开发的学习打下坚实的基础。

# 第 2 章  初识 HarmonyOS 应用开发

HarmonyOS 应用开发是一个充满挑战与机遇的领域。本章将带领读者深入了解 HarmonyOS 应用开发的神奇世界，从开发环境的搭建到实际应用案例的分析，从传统鸿蒙项目的构建到鸿蒙元服务项目的创建，系统地介绍鸿蒙工程项目的调试及结构组成等内容。通过本章的学习，希望读者能够全面了解 HarmonyOS 应用开发的基本知识和实践技能，为后续深入学习和创新应用打下坚实的基础。

# 2.1 搭建开发环境

在开始 HarmonyOS 应用开发之前，需要搭建开发环境。开发环境的搭建包括下载和安装 HarmonyOS 应用开发工具包。本书采用 DevEco Studio 作为开发工具，并将在本节介绍配置相关开发环境变量的方法。

## 2.1.1 DevEco Studio 简介

DevEco Studio 是一款专为 HarmonyOS 开发者设计的集成开发环境（IDE），提供从设计、编码、编译、调测到云端测试等端到端的一站式服务。对于开发者来说，使用 DevEco Studio 可以更方便地进行鸿蒙手机、手表、电视等设备的 App 编译和开发。

在 DevEco Studio 中，开发者可以创建和管理项目、编写代码、管理资源文件、进行代码调试和测试等操作。其界面设计直观，操作便捷，能够显著提高开发效率[5]。同时，DevEco Studio 还提供了丰富的 API 和工具，帮助开发者快速构建高质量的应用。DevEco Studio 常用区域如图 2.1 所示。

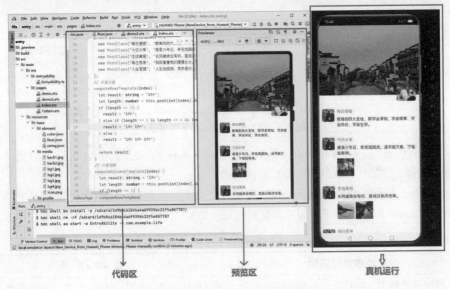

图 2.1 DevEco Studio 常用区域

DevEco Studio 开发常用的部分是代码区、预览区和真机运行 3 个区域。DevEco Studio 是一款功能强大、操作便捷的开发工具，对于鸿蒙操作系统的开发者来说具有重要的价值。如需了解更多关于 DevEco Studio 的详细介绍和使用方法，建议访问华为开发者联盟官网或相关开发者社区进行学习。

## 2.1.2 安装 DevEco Studio

DevEco Studio 的安装和环境配置是学习 HarmonyOS 应用开发的第一步。在安装之前，需要先检测本地系统是否符合最低系统要求。安装 DevEco Studio 对系统的最低要求见表 2.1。

表 2.1　安装 DevEco Studio 对系统的最低要求

| 操作系统 | 操作系统要求 | 内存要求 | 硬盘要求 | 分辨率要求 |
|---|---|---|---|---|
| Windows | Windows 10/11 64 位 | 8GB 及以上 | 100GB 及以上 | 1280 像素 ×800 像素及以上 |
| macOS | macOS(X86) 10.15/11/12/13<br>macOS(ARM) 11/12/13 | 8GB 及以上 | 100GB 及以上 | 1280 像素 ×800 像素及以上 |

确认系统满足最低要求后，可以访问 HarmonyOS 官网下载最新版本的 DevEco Studio。根据计算机的操作系统下载对应版本的 DevEco Studio 即可，DevEco Studio 下载界面如图 2.2 所示。

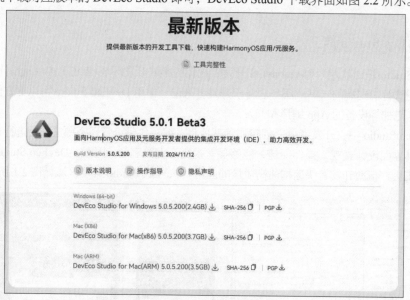

图 2.2　DevEco Studio 下载界面

由图 2.2 中可以看出，DevEco Studio 的版本号标识在软件名称之后，如 5.0.1。每次版本更新都会带来一些新的功能、性能优化或修复一些已知的问题。

Release 表示正式版本，进行 HarmonyOS 应用开发直接选择 Release 版本即可满足所有需求。除了 Release，还有 Canary 和 Beta 版本，版本类型说明见表 2.2。

表 2.2　DevEco Studio 版本类型说明

| 类　型 | 版本类型说明 | 版 本 作 用 |
|---|---|---|
| Canary | 早期体验版本，特性功能待稳定 | 可以反馈使用过程中遇到的问题，提供商将全力解决 |
| Beta | 公开发布的 Beta 版本，特性功能待稳定 | 可以反馈读者的使用体验，促使产品做得更好 |
| Release | 正式发布版本，承诺质量，特性功能稳定 | 可以基于新功能完成最后的工作，发布应用 |

下载完成对应操作系统的 DevEco Studio 压缩包后，将其解压到任意文件夹内，双击解压后的安装包文件，开始安装 DevEco Studio。解压后的 DevEco Studio 安装包图标如图 2.3 所示。

DevEco Studio 的安装过程十分简单。选择安装 DevEco Studio 的路径后，进入安装选项页面，如图 2.4 所示。

需要注意的是，勾选 Create Desktop Shortcut 选项可以创建桌面快捷方式，勾选 Update PATH Variable（restart

图 2.3　解压后的 DevEco Studio 安装包图标

needed）选项可以添加 PATH 变量。Update Context Menu 选项则不需要勾选，其表示右击文件或文件夹时不会弹出快捷菜单。

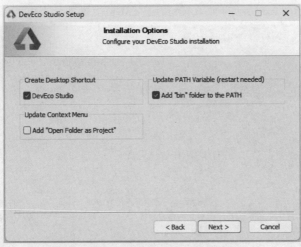

图 2.4　DevEco Studio 的安装选项页面

### 2.1.3　环境配置

完成 DevEco Studio 的安装后即可进行环境的配置，具体步骤如下。

（1）导入 DevEco Studio 设置：首次使用时，请选择 Do not import settings 选项。DevEco Studio 设置窗口如图 2.5 所示。

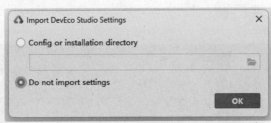

图 2.5　DevEco Studio 设置窗口

（2）基础配置：单击图 2.5 所示的 OK 按钮后，自动进入 DevEco Studio 操作向导页面。在此页面需要进行基础配置，包括 Node.js 与 Ohpm 的安装路径设置，如图 2.6 所示。

图 2.6　Node.js 与 Ohpm 的安装路径设置

需要注意的是，对于 Node.js 的设置，如果用户选择 Install 选项，则系统会通过华为镜像下载至合适的路径。对于 Ohpm，安装路径应设置为 Install。如果本地环境已经安装了 Node.js，则只需选择 Local 选项并选择本地的 Node.js 的路径即可。

（3）SDK 配置：单击图 2.6 所示的 Next 按钮，进入 SDK 配置页面，设置合适的路径，如图 2.7 所示。

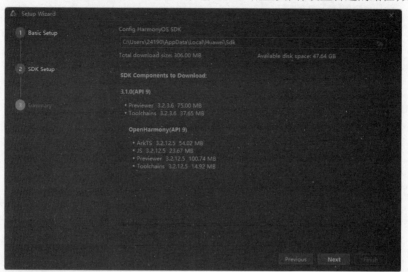

图 2.7　SDK 配置页面

由图 2.7 可以看到，此处设置的路径默认为 Huawei\Sdk，用户也可以自行选择 SDK 安装目录。需要注意的是，SDK 分为 HarmonyOS 和 OpenHarmony 两种，应进行区分。

（4）SDK License Agreement：单击图 2.7 所示的 Next 按钮，将显示 SDK License Agreement 页面，如图 2.8 所示。在这里，开发者需要阅读并同意 License 协议，并选择 Accept 选项。同意 License 协议后，单击 Next 按钮开始下载 SDK。

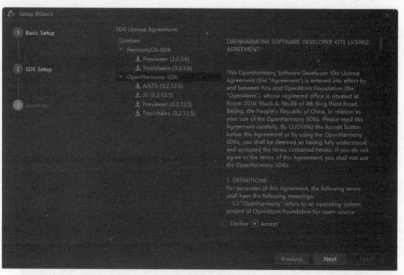

图 2.8　SDK License Agreement 页面

需要注意的是，同意 License 协议的同时，需要接受 OpenHarmony–SDK 和 HarmonyOS–SDK 的 License 协议，并分别单击 Accept 按钮。

（5）SDK 下载完成：等待 SDK 下载完成。这一过程根据网速和网络环境，可能耗时 5~20 分钟。下载完成后，单击 Finish 按钮，界面会进入 DevEco Studio 欢迎页面，如图 2.9 所示。

图 2.9　DevEco Studio 欢迎页面

由图2.9可以看出，在DevEco Studio 的欢迎页面中，可以创建、打开项目，还可以从 VCS 中获取资源，或者导入示例项目等。

至此，DevEco Studio 的环境配置已经基本完成。

---

🔔 **拓展阅读: HarmonyOS 和 OpenHarmony 的关系和区别**

HarmonyOS 作为新一代的智能终端操作系统，为不同设备的智能化、互联与协同提供了统一的语言，带来简洁、流畅、连续、安全可靠的全场景交互体验。OpenHarmony 是由开放原子开源基金会（OpenAtom Foundation）孵化及运营的开源项目，目标是面向全场景、全连接、全智能时代，基于开源的方式，搭建一个智能终端设备操作系统的框架和平台，促进万物互联产业的繁荣发展。

HarmonyOS 和 OpenHarmony 的区别主要体现在以下三个方面。

（1）语言支持程度不同。在 HarmonyOS NEXT 星河版之前的 HarmonyOS 与 OpenHarmony 在语言支持程度上有所不同。OpenHarmony 不支持 Java 开发应用，而 HarmonyOS 后续版本也将不支持 Java 开发应用。

（2）SDK 的不同。虽然应用开发工具都是统一使用华为的 DevEco Studio，但是使用的 SDK 不同，开发前首先要切换 SDK 配置。

（3）运行调测方式不同。HarmonyOS 支持 Previewer（预览器）预览、模拟器运行、真机运行三种方式；OpenHarmony 支持 Previewer 预览、真机（支持的系列开发版）运行。

---

## 2.2　实战演练：创建首个 HarmonyOS 项目

随着信息技术的飞速发展，智能终端设备的普及和多样化已成为现代社会的重要特征。在这个时代背景下，华为公司推出了自主研发的 HarmonyOS，旨在为用户提供更加便捷、高效和安全的智能设备使用体验。

本节演示如何创建 HarmonyOS 项目，分别创建首个传统 HarmonyOS 应用和首个 HarmonyOS 元服务。

### 2.2.1 创建首个传统 HarmonyOS 应用

HarmonyOS 以其分布式、跨平台、高效能等特性，为开发者提供了广阔的创新空间。通过本项目，我们将充分利用 HarmonyOS 的技术优势，开发出一款具有独特功能和良好用户体验的应用程序，为用户带来全新的智能生活体验。创建 HarmonyOS 应用的步骤如下。

（1）在打开 DevEco Studio 后，可以看到如图 2.9 所示的欢迎界面。单击 Create Project 按钮，创建一个新项目。

（2）创建项目的模板选择页面如图 2.10 所示。

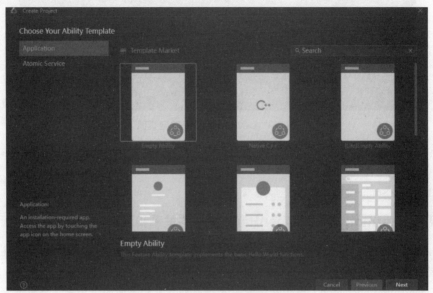

图 2.10　创建项目的模板选择页面

在图 2.10 中可以看到，左侧分为 Application（HarmonyOS 应用）和 Atomic Service（HarmonyOS 元服务），这里选择 Application 选项，然后单击 Empty Ability（空模板），在页面右下角单击 Next 按钮进入项目配置页面。

（3）配置项目页面信息，包括项目名称、包名、位置、SDK 版本等信息，按照个人实际情况填写即可，如图 2.11 所示。

图 2.11　项目配置页面

项目配置的详细说明如下。

- Project name：开发者可以自行设置的项目名称，这里根据需求修改为自己的项目名称。默认命名为 MyApplication。
- Bundle name：填写捆绑包名称。
- Save location：工程保存路径，建议用户自行设置相应位置，这里设置为默认的保存路径。
- Compatible SDK：编译 SDL，这里选择对应下载的 SDK 版本，按照目前最新或者最合适的 SDK 版本进行选择。
- Module name：选择 Ability 框架模型，这里选择 Stage 模型。
- Device type：选择设备类型，这里选择手机和平板。

---

🔔 **拓展阅读：Stage 和 FA 两种模型的概念和区别**

- Stage 模型：一种基于场景的应用开发模型。在这个模型中，应用程序由多个 Stage 组成，每个 Stage 都有自己的生命周期和界面。
- FA 模型：即 Feature Ability 模型，是一种基于函数式编程的应用开发模型。在这个模型中，应用程序由一系列的函数组成，每个函数都负责执行一个特定的任务。

在本书的 HarmonyOS 开发实战过程中，主要使用 Stage 模型。Stage 模型将程序逻辑与用户界面解耦，使得窗口部分可单独销毁和重建，窗口与 Ability 可跨设备运行，Ability 可在不启动界面的情况下响应请求。此外，Stage 模型还具有开放的扩展能力点，支持卡片、输入法、快捷开关、分享、壁纸、长时任务等应用开发[6]。

---

（4）单击 Finish 按钮，DevEco Studio 将创建整个应用，并自动生成工程代码。DevEco Studio 的 IDE 页面如图 2.12 所示。

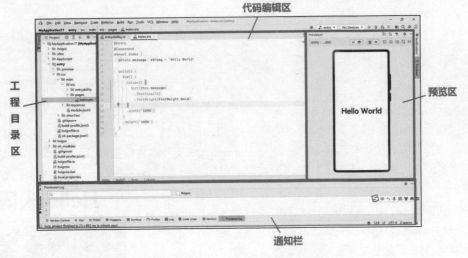

图 2.12　DevEco Studio 的 IDE 页面

DevEco Studio 的 IDE 页面说明如下。

- 工程目录区：主要用于管理和组织相关的工程文件、数据和其他资源。
- 代码编辑区：提供了一个可视化的界面，使开发者能够直接输入和编辑代码。具有语法高亮功能，能够自动识别和显示代码中不同元素（如变量、函数、关键字等）的颜色，从而提高代码的可读性。集成了错误检查工具，能够在开发者输入代码时实时检查语法错误和潜在问题。此外，通过连接调试器，开发者可以在代码编辑区内设置断点、查看变量值、执行单步调试等操作，帮助定位和解决问题。
- 预览区：是一个专门用于展示应用界面设计效果的区域，开发者可以在此查看和调试 UI 组件的布局、样式和交互效果，从而确保应用界面的正确性和美观性。支持布局调试功能，开发者可以通过调整组件的位置、大小、边距等属性，实时查看布局变化。有助于快速发现并修复布局问题，提高界面的可用性和美观性。

- 通知栏：是一个多功能区域，为开发者提供了丰富的工具和操作选项，有助于提高开发效率和代码质量。实时显示代码的错误、警告和提示信息，帮助开发者及时发现和修复问题。同时，它还显示项目的构建状态、调试状态等信息，让开发者了解项目的当前情况。

（5）自动生成工程代码后，初始页面的代码如下（案例文件：第 2 章 /index.ets）。

```
@Entry
@Component
struct Index {
  @State message: string = 'Hello 朱博'
  @State message1: string = '这是我的第一个 HarmonyOS 应用'
  build() {
    Column() {
      Text(this.message)
        .margin({top:"30%"})
        .fontSize(50)
        .fontWeight(FontWeight.Bold)
      Text(this.message1)
        .fontSize(20)
        .fontWeight(FontWeight.Bold)
      Image($r("app.media.img"))
        .width('100%')
        .height('auto')
    }
    .width('100%')
    .height('100%')
  }
}
```

这段代码简单地输出了两句话，第一句是"Hello 朱博"，第二句是"这是我的第一个 HarmonyOS 应用"，将其渲染显示到 UI 页面中。HarmonyOS 支持本地模拟器、远程模拟器、本地真机、远程真机等多种方式来运行项目。目前还没有配置模拟器，可以直接在 Previewer 中预览效果，如图 2.13 所示。

通过遵循这些步骤，读者可以成功地创建并运行第一个 HarmonyOS 项目。随着对 HarmonyOS 和 DevEco Studio 的熟悉，可以开始探索更高级的功能和技巧，以创建出更复杂、更有趣的应用。

图 2.13　预览效果

### 2.2.2　创建首个 HarmonyOS 元服务

在数字化、智能化的时代浪潮中，HarmonyOS 以其开放、安全、高效的特性成为推动智能设备互联互通的关键力量。作为 HarmonyOS 生态的重要组成部分，元服务为开发者提供了构建跨平台、分布式应用的基础能力。本小节创建第一个 HarmonyOS 元服务，为构建更加丰富、智能的应用奠定基础。

创建 HarmonyOS 元服务的步骤主要如下。

（1）在创建项目的模板选择页面中选择 Atomic Service 和 Empty Ability，创建元服务工程，如图 2.14 所示。

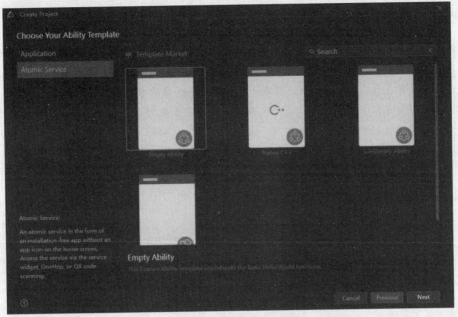

图 2.14　创建元服务工程

（2）完成配置项目后，创建项目，等待自动生成工程代码。元服务和传统应用的项目目录结构对比如图 2.15 所示。

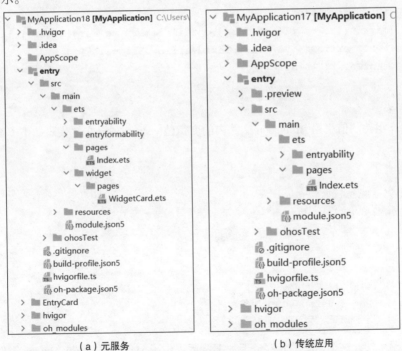

（a）元服务　　　　　　　　　　（b）传统应用

图 2.15　项目目录结构对比

观察图 2.15 中的目录结构，元服务项目相对于传统应用多了 entryformability、widget 等文件夹。项目目录结构的详细解释如下。

- entryability：主应用的 Ability。
- entryformability：卡片的 Ability。

- pages：页面代码文件夹。
- widget 文件夹下的 pages 是卡片页面文件夹。

ArkTS 鸿蒙应用开发入门到实战

> 🔔 **拓展阅读：鸿蒙万能卡片**
>
> 鸿蒙万能卡片是华为鸿蒙操作系统中的一个重要功能，它旨在提供一种更便捷、直观的方式来展示应用信息。相比于传统的应用图标，万能卡片能够显示各种应用的常用信息，如天气、待办事项等，且这些信息是实时更新的。用户只需一瞥即可获得想要的信息，无须单击进入应用 [7]。
>
> widget 指的是鸿蒙万能卡片，它是元服务的一种重要呈现形式。widget 文件夹中包含了与卡片设计和交互相关的代码和资源。通过在这个文件夹中编写代码和定义卡片的布局、样式和行为，开发者可以创建出丰富多样的卡片界面，为用户提供便捷的服务入口和交互体验。

（3）创建一个元服务，并将重要信息以卡片的形式展示在桌面。案例代码如下（案例文件：第 2 章 / WidgetCard.ets）。

```
Stack() {
    Image($r("app.media.img"))
      .objectFit(ImageFit.Cover)
    Column() {
      Text($r('app.string.hello'))
        .fontSize($r('app.float.title_immersive_font_size'))
        .textOverflow({overflow: TextOverflow.Ellipsis})
        .fontColor("#52d69c")
      Text($r('app.string.frist'))
        .fontSize("15fp")
        .margin({top: $r('app.float.detail_immersive_margin_top')})
        .textOverflow({overflow: TextOverflow.Ellipsis})
        .fontColor("#52d69c")
    }
}
```

其中，Text 组件的值引用 string.json 文件内的变量值。string.json 文件代码如下（案例文件：第 2 章 /string.json）。

```
{
    "name": "hello",
    "value": "Hello 小猪"
}
,
{
    "name": "frist",
    "value": "第一个 HarmonyOS 元服务卡片"
}
```

由上述代码可知，这个简单的元服务卡片案例运用到了 Stack 布局容器、Image 组件、Text 组件、Column 垂直布局容器等。关于这些组件的详细使用，将在后面几章 ArkTS 语言的学习中详细介绍。第一个 HarmonyOS 元服务项目的元服务卡片预览样式如图 2.16 所示。

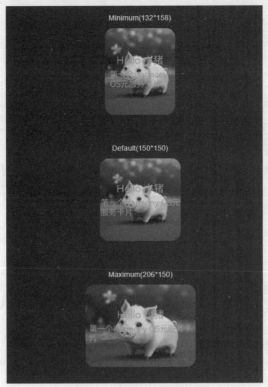

**图 2.16　元服务卡片预览样式**

在图 2.16 中，将元服务的重要信息以卡片的形式展示在桌面，通过轻量交互行为实现服务直达。元服务带来的体验变化有以下四个方面。

- 免安装，更轻量化地将服务带给用户。
- 一键服务直达，将用户感兴趣的内容前置、外显。
- 跨端转移，多终端设备间无缝流转。
- 情景智能卡片推荐，随心定制、更懂用户。

通过遵循上述步骤，读者可以成功地创建并运行第一个 HarmonyOS 元服务。随着读者对 HarmonyOS 和 DevEco Studio 的熟悉，可以开始探索更高级的功能和技巧，以创建出更复杂、更有趣的元服务。

---

🔔 **拓展阅读：HarmonyOS 应用和 HarmonyOS 元服务**

运行在 HarmonyOS 的应用分为两种形态。第一种是传统方式的需要安装的应用（即传统概念中的 HarmonyOS 应用，可简称为应用）；第二种是提供特定功能、免安装的应用（即元服务，原名为原子化服务）。

传统方式的 HarmonyOS 应用是指需要按照常规流程进行安装的应用。这些应用提供特定的功能，并且用户需要在 HarmonyOS 设备上显式地下载和安装它们。

元服务是 HarmonyOS 提供的一种面向未来的服务提供方式。它拥有独立入口，无须显式安装，由系统的程序框架在后台安装后即可使用，可为用户提供一个或多个便捷服务。这些服务以新型应用程序形态呈现，相比传统需要安装的应用形态，元服务的形式更加轻量，同时提供了更丰富的入口和更精准的内容分发方式。

---

# 2.3 项目调试与运行方式

在鸿蒙操作系统的开发过程中，项目调试与运行是不可或缺的一环。对于开发者而言，理解并掌握有效的调试方法，不仅能够提高开发效率，还能够确保应用的质量和稳定性。

鸿蒙操作系统提供了多种调试工具和技术支持，使得开发者可以针对不同类型的问题和场景，选择最合适的调试方式。从简单的日志输出到复杂的性能分析，鸿蒙都提供了相应的工具和接口，帮助开发者快速定位问题并优化代码。以下将从真机调试和模拟器调试两个方面进行介绍。

## 2.3.1 真机调试

使用真机设备进行调试可以分为本地真机调试和远程真机调试两种，其调试流程完全相同，都需要对应用或元服务进行签名。HarmonyOS 应用 / 服务的调试支持使用真机设备进行。使用真机设备进行调试前，需要对 HAP（HarmonyOS Ability Package）进行签名。

本地真机调试，顾名思义，就是将开发的项目直接运行到真实的硬件设备上进行测试。这种调试方式可以确保项目在实际设备上的表现与模拟器中的表现一致，从而发现并修复潜在的问题。真机设备的调试流程如图 2.17 所示。

本地真机调试十分简单，前提是需要有一台搭载 HarmonyOS 的手机设备。作者使用 HUAWEI Mate 40 Pro 搭载 HarmonyOS 4.0.0.130 版本系统进行真机调试演示，具体调试步骤如下。

（1）使用数据线连接真机设备，并确保手机打开开发者模式和 USB 调试，选择"文件传输"模式。真机连接成功页面如图 2.18 所示。

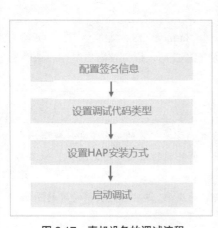

图 2.17　真机设备的调试流程

图 2.18　真机连接成功页面

（2）在 IDE 栏中依次选择 File → Project Structure → Project → Signing Configs 选项，然后勾选 Automatically generate signature 选项，即可完成签名。如果当前状态显示未登录，则需要单击 Sign In 按钮进行登录，然后自动完成签名。自动签名界面如图 2.19 所示。

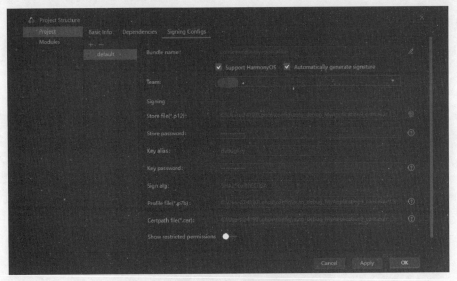

图 2.19　自动签名界面

（3）完成签名后，在工具栏中选择调试的设备，并单击 Debug 选项或单击 Attach Debugger to Process 选项启动调试。单击 Run 按钮运行到真机，效果如图 2.20 所示。

图 2.20　运行到真机效果

> 🔔 **拓展阅读：Debug 模式和 Attach Debugger to Process 模式的区别**
>
> 　　Debug 模式和 Attach Debugger to Process 模式的区别在于：Attach Debugger to Process 可以先运行应用 / 服务，然后再启动调试，或者直接启动设备上已安装的应用 / 服务进行调试；而 Debug 是直接运行应用 / 服务后立即启动调试。

（4）将 2.2.2 小节所介绍的 HarmonyOS 元服务项目运行到真机。在真机的桌面上打开服务卡片，选择"其他服务卡片"选项，将服务卡片放置到手机桌面，如图 2.21 所示。

图 2.21　将服务卡片放置到手机桌面

在图 2.21 中，由于元服务在设备中没有桌面图标，可以通过以下方式在设备中运行 / 调试元服务。

- 在服务中心展示的元服务：通过 DevEco Studio 的运行 / 调试按钮将元服务推送到真机设备上安装，安装完成后便可以启动元服务；同时，在服务中心的"最近使用"中可以看到该元服务的卡片。使用 hdc 命令行工具将元服务推送到真机设备上进行安装，安装完成后便可以启动元服务；同时，在服务中心的"最近使用"中可以看到该元服务的卡片。
- 在服务中心不展示的元服务：通过 DevEco Studio 的运行 / 调试按钮将元服务推送到真机设备上安装，安装完成后便可以启动元服务。使用 hdc 命令行工具将元服务推送到真机设备上安装，安装完成后便可以启动元服务。设备控制类的元服务可通过碰一碰、扫一扫等方式运行。

除了本地真机调试，还可以进行远程真机调试。在运行区选择 Device Manager → Remote Device，然后在完成签名后选择适用的机型直接运行调试即可，具体步骤与本地真机调试的步骤相同。

### 2.3.2　模拟器调试

　　HarmonyOS 应用 / 服务调试支持使用模拟器设备调试，允许开发者运行已签名或未签名的应用 / 服务。使用模拟器调试应用 / 服务的流程如图 2.22 所示。

　　模拟器调试是常见的调试方式之一，具体调试步骤如下。

　　（1）在运行区选择 Device Manager 选项，即设备管理器，如图 2.23 所示。

图 2.22　使用模拟器调试应用 / 服务的流程

图 2.23　选择 Device Manager 选项

（2）打开 Device Manager 页面后，选择 Local Emulator 选项，在页面下方选择安装的路径。单击 New Emulator 按钮，在弹出的对话框中选择对应的设备模拟器，如 HUAWEI_Phone，并单击 Next 按钮，如图 2.24 所示。

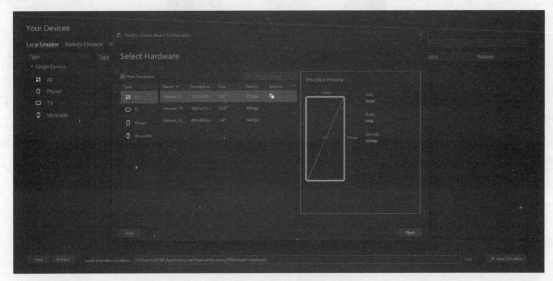

图 2.24　选择设备模拟器页面

（3）完成上述步骤后，等待对应的系统映像下载完毕，这里以 API9 为例。下载完成后，页面如图 2.25 所示。

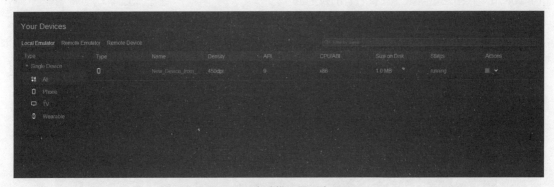

图 2.25　本地模拟器列表页面

（4）在工具栏中选择要进行调试的设备，并单击 Debugt 选项或 Attach Debugger to Process 选项启动调试。单击 Run 按钮运行到真机，模拟器无须签名即可直接运行调试，模拟器运行页面如图 2.26 所示。

图 2.26　模拟器运行页面

模拟器调试提供了一种无须真实设备的调试方案，开发者可以在 DevEco Studio 中使用模拟器设备来运行和调试应用或服务。模拟器调试支持运行已签名或未签名的应用 / 服务，并且可以根据需要选择不同的设备模拟器和系统映像。通过模拟器，开发者可以方便地模拟不同设备的环境，进行应用的兼容性测试和性能调优。

综上所述，无论是真机调试还是模拟器调试，DevEco Studio 都提供了丰富的调试工具和功能，帮助开发者更方便、更高效地进行应用 / 服务的调试工作。通过合理地选择和使用调试方式，开发者可以及时发现并修复潜在的问题，提升应用的质量和用户体验。

## 2.4　应用工程结构

在鸿蒙开发的世界里，应用工程结构是构建高效、稳定应用的基石。一个合理的工程结构，不仅有助于开发者高效地组织和管理代码，还能提升应用的性能、可维护性和可扩展性。因此，深入理解和掌握应用工程结构是鸿蒙开发者必备的技能。

HarmonyOS 采用分层架构，一共四层，从上往下依次为内核层、系统服务层、应用框架层和应用层。

系统功能按照"系统"→"子系统"→"功能 / 模块"逐级展开，在多设备部署的场景下，支持根据实际需求裁剪某些非必要的子系统或功能 / 模块。HarmonyOS 分层架构如图 2.27 所示。

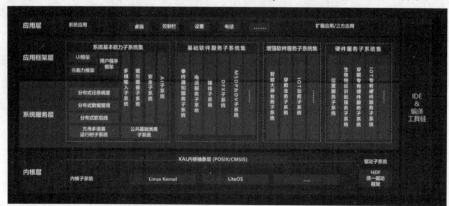

图 2.27　HarmonyOS 分层架构

应用/服务发布形态为 App Pack（App），由一个或多个 HAP 以及描述 App Pack 属性的 pack.info 文件组成。

一个 HAP 在工程目录中对应一个 Module，由代码、资源、第三方库及应用/服务配置文件组成，HAP 可以分为 Entry 和 Feature 两种类型。一个 App 中，对于同一类型的设备，可以包含一个或多个 Entry 类型的 HAP。如果同一类型的设备包含多个 Entry 模块，那么 Entry 是应用/服务的主模块，可独立安装运行，且需要配置 distroFilter 分发规则，使得应用市场在做应用的云端分发时，对该设备类型下不同规格的设备进行分发。一个 App 可以包含 0 到多个 Feature 类型的 HAP，Feature 是应用/服务的动态特性模块，只有包含 Ability 的 HAP 才能够独立运行。

本书以 Stage 模型为例进行讲解。ArkTS Stage 模型的工程目录结构如图 2.28 所示。

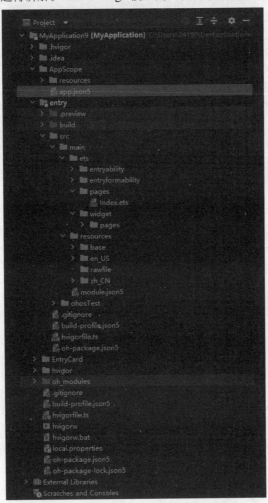

图 2.28　ArkTS Stage 模型的工程目录结构

在图 2.28 所示的工程目录结构中，其中重要的工程目录结构的描述见表 2.3。

表 2.3　重要的工程目录结构的描述

| 目　　　录 | 描　　　述 |
| --- | --- |
| AppScope>app.json5 | 应用的全局配置信息 |
| entry | 应用/服务模块，编译构建生成一个 HAP |
| src>main>ets | 用于存放 ArkTS 源码 |
| src>main>ets>entryability | 应用/服务的入口 |

| 目　　录 | 描　　述 |
|---|---|
| src>main>ets>pages | 应用 / 服务包含的页面 |
| src>main>resources | 用于存放应用 / 服务所用到的资源文件，如图形、多媒体、字符串、布局文件等 |
| src>main>module.json5 | Stage 模型模块配置文件，主要包含 HAP 的配置信息、应用在具体设备上的配置信息，以及应用的全局配置信息 |
| oh_modules | 用于存放第三方库依赖信息。关于原 npm 工程适配 Ohpm 包管理器操作，请参考 Ohpm 包管理器 |
| build−profile.json5 | 当前的模块信息、编译信息配置项，包括 buildOption、targets 配置等 |
| src>main>resources>base>element | 包括字符串、整型数、颜色、样式等资源的 json 文件 |
| src>main>resources>base>media | 多媒体文件，如图形、视频、音频等文件。支持的文件格式包括 .png、.gif、.mp3、.mp4 等 |
| src>main>resources>rawfile | 用于存储任意格式的原始资源文件。rawfile 不会根据设备的状态去匹配不同的资源，需要指定文件路径和文件名进行引用 |
| hvigorfile.ts | 模块级编译构建任务脚本 |
| oh−package.json5 | 配置第三方包声明文件的入口及包名 |

综上所述，HarmonyOS 应用工程结构基于分层架构设计，包括内核层、系统服务层、应用框架层和应用层。此外，App Pack 和 HAP 作为应用的发布形态。工程目录结构按照 Stage 模型划分，包含的重要目录如 AppScope、entry、src、oh_modules 等，用于存储全局配置信息、应用模块、资源文件等，以支持高效、稳定的应用开发。

## 2.5　本章小结

本章主要介绍了 HarmonyOS 应用开发的基础内容，包括搭建开发环境、创建第一个 HarmonyOS 项目、项目调试运行方式，以及应用工程结构等。在本章中，不仅学习了如何安装和配置 DevEco Studio，还掌握了创建 HarmonyOS 应用和元服务的方法，以及如何进行真机调试和模拟器调试。到目前为止，读者应该对 HarmonyOS 应用开发有了初步的了解和实践经验。

通过本章的学习，读者将能够更深入地了解 HarmonyOS 的技术细节和开发实践，掌握其核心技术和最佳实践方法。期待读者能够在实践中不断创新和探索，为 HarmonyOS 生态系统的发展贡献自己的力量。

# 第 3 章　ArkTS 语言入门

经过前面章节的介绍，我们已经初步认识了 HarmonyOS 应用开发。本章将带领读者走进 ArkTS 语言的世界，深入探索其语言基础。

我们将从 TS 语言的基础语法逐步过渡到 ArkTS 语言，拓展 ArkTS 语言的核心知识点，帮助读者建立起对 ArkTS 语言的基本认知。

# 3.1 快速学习 TS

ArkTS 语言在 TS 语言的基础上进行了扩展和优化，它继承了 TS 的静态类型、面向对象、模块化等特性，所以学习 ArkTS 语言的基础就是先学习 TypeScript。

## 3.1.1 变量声明

在 TS 中，变量声明是一项基本且至关重要的步骤，它定义了程序中的数据存储和处理方式。TS 引入了静态类型系统，使得变量声明更加精确和可靠。本小节将深入探讨 TS 中的变量声明，包括不同类型的变量声明方式和代码实践。

### 1. 基本变量声明

在 TS 中，可以使用 let 和 const 关键字来声明变量。它们的主要区别在于 let 关键字声明的变量可以重新赋值，而 const 关键字声明的变量则为常量，不可以重新赋值。以下是基本变量声明的示例代码：

```
let age: number = 30;                //定义一个变量 age，类型为 number，赋值为 30
const personName: string = "Alice";  //定义一个常量 personName，类型为 string，赋值为
                                           "Alice"
```

### 2. 类型推断

TS 具有类型推断功能，可以根据赋值来推断变量的类型，从而简化代码。以下是类型推断的示例代码：

```
let age = 30;                //TS 会自动推断 age 为 number 类型
const personName= "Alice";   //TS 会自动推断 personName 为 string 类型
```

### 3. 显式类型注解

虽然 TS 能够推断出大多数变量的类型，但有时显式指定类型会更清晰和安全。以下是显式类型注解的示例代码：

```
let age:number= 30;
```

### 4. 对象解构

使用对象解构可以方便地从对象中获取属性，并赋值给对应的变量。以下是对象解构的示例代码：

```
let person = {
  firstName: 'John',
  lastName: 'Doe'
};
let {firstName, lastName} = person;
console.log(firstName); // 输出：John
console.log(lastName);  // 输出：Doe
```

### 5. 数组解构

类似地，数组解构允许用户从数组中提取元素并赋值给变量。以下是数组解构的示例代码：

```
let [first, second] = [1, 2];
```

ArkTS 鸿蒙应用开发入门到实战

### 6. 函数参数解构

在函数参数中，也可以使用解构语法。以下是函数参数解构的示例代码：

```
function greet({name, age}: {name: string; age: number}) {
  console.log(`Hello, ${name}. You are ${age} years old.`);
}
greet({name: 'Alice', age: 30});
```

执行上述代码，结果如下：

```
[LOG]: "Hello, Alice. You are 30 years old."
```

从上述执行结果中可以看出，greet() 函数接收一个对象作为参数。该对象有两个属性：name 和 age。函数内部使用了解构语法获取参数对象中的 name 和 age 属性，并将它们作为变量在函数体内使用。最终函数输出了一个拼接 name 和 age 属性值的字符串。

### 7. 扩展对象

扩展操作符（...）可以创建新的对象或数组，并在其中包含旧对象或数组。以下是扩展对象的示例代码：

```
// 定义一个对象 person，包含属性 name 和 age，分别赋值为 "Alice" 和 30
let person = {name: "Alice", age: 30};
// 定义一个对象 employee，使用扩展运算符将 person 对象的属性复制到 employee 中，添加属性
   position，并赋值为 "Developer"
let employee = {...person, position: "Developer"};
```

综上所述，变量声明在 TS 中扮演着至关重要的角色，它们定义了数据的形态和变换方式。合理的变量声明能够提高代码的可读性和可维护性，因此在编写 TS 程序时务必注意变量声明的规范和最佳实践[8]。

### 3.1.2 条件控制

在 TS 中，条件控制结构用于根据不同的条件执行不同的代码块。这些结构使得程序能够根据不同的情况作出相应的处理。本小节将介绍 TS 中常用的条件控制语句，包括 if 语句、switch 语句、三元运算符和条件表达式。

### 1. if 语句

if 语句是最基本的条件控制语句，它根据指定条件执行相应的代码块。一个 if 语句后可跟一个可选的 else 语句，当布尔表达式为 false 时执行此 else 语句。以下是 if 语句的示例代码：

```
let num: number = 10;
if (num > 0) {
    console.log("Number is positive");
} else if (num < 0) {
    console.log("Number is negative");
} else {
    console.log("Number is zero");
}
```

执行上述代码，结果如下：

```
[LOG]: "Number is positive"
```

上述代码判断了一个名为 num 的常量。如果 num 为正数，则输出 "Number is positive"；如果 num 为负数，则输出 "Number is negative"；如果 num 为 0，则输出 "Number is zero"。因为 num 的值为 10，所以输出 "Number is positive"。

**2. switch 语句**

switch 语句可以根据表达式的值执行不同的代码块。一个 switch 语句允许测试一个变量等于多个值时的情况。每个值为一个 case，且被测试的变量会对每个 switch case 进行检查。以下是 switch 语句的示例代码：

```
let day: number = 3;
let dayString: string;
switch (day) {
    case 0:
        dayString = "Sunday";
        break;
    case 1:
        dayString = "Monday";
        break;
    case 2:
        dayString = "Tuesday";
        break;
    case 3:
        dayString = "Wednesday";
        break;
    case 4:
        dayString = "Thursday";
        break;
    case 5:
        dayString = "Friday";
        break;
    case 6:
        dayString = "Saturday";
        break;
    default:
        dayString = "Invalid day";
}
console.log("Today is" + dayString);
```

执行上述代码，结果如下：

```
[LOG]: "Today is Wednesday"
```

上述代码根据 day 的值选择不同的字符串并赋值给 dayString，然后输出结果。因为 day 的值为 3，所以 dayString 被赋值为 "Wednesday"，最终输出 "Today is Wednesday"。

关于 switch 语句，需要掌握以下 7 个规则。

（1）switch 语句中的变量（如示例中的 day）是一个要被比较的表达式，它可以是任何类型，包括基本数据类型（如 number、string、boolean）、对象类型（如 object、Array、Map）和自定义类型（如 class、interface、enum）等。

（2）一个 switch 语句中可以有任意数量的 case 语句。每个 case 后跟随一个要比较的值和一个冒号。

（3）case 后的内容必须与 switch 语句中的变量具有相同或兼容的数据类型。

（4）当被测试的变量等于 case 语句中的常量时，case 语句后跟随的语句将被执行，直到遇到 break 语句为止。

（5）当遇到 break 语句时，switch 语句终止，控制流将跳转到 switch 语句后的下一行。

（6）不是每个 case 语句都需要包含 break 语句。如果 case 语句不包含 break 语句，控制流将会继续执行后续的 case 语句，直到遇到 break 语句为止。

（7）一个 switch 语句可以有一个可选的 default case 出现在 switch 代码段的结尾。default 关键字表示当表达式的值与所有 case 值都不匹配时执行的代码块。default case 中的 break 语句不是必需的。

#### 3. 三元运算符

三元运算符允许根据条件选择不同的值。该运算符有 3 个操作数，并且需要判断一个布尔表达式的值。其主要作用是决定哪个值应该赋值给变量。以下是三元运算符的示例代码：

```
let num: number = 10;
let result: string = (num > 0) ? "Positive" : "Non-positive";
console.log(result);
```

执行上述代码，结果如下：

```
[LOG]: "Positive"
```

上述代码使用了三元运算符来根据条件选择不同的值。如果 num 大于 0，则 result 被赋值为 "Positive"；否则被赋值为 "Non-positive"。因为 num 的值为 10，大于 0，所以 result 被赋值为 "Positive"，最终输出 "Positive"。

#### 4. 条件表达式

条件表达式可以在一行中根据条件进行赋值。以下是条件表达式的示例代码：

```
let num: number = 10;
let isPositive: boolean = (num > 0);
console.log("Is positive?" + isPositive);
```

执行上述代码，结果如下：

```
[LOG]: "Is positive? true"
```

上述代码使用了条件表达式来判断 num 是否大于 0，如果是，则 isPositive 被赋值为 true；否则，被赋值为 false。因为 num 的值为 10，大于 0，所以 isPositive 被赋值为 true，最终输出 "Is positive? true"。

综上所述，条件控制结构是编程中的基本概念之一，在 TS 中也得到了很好的支持。通过合理使用条件控制语句，可以使代码更加清晰、易于理解和维护。在实际开发中，根据具体情况选择最合适的条件控制方式非常重要，以确保代码的高效性和可读性。

### 3.1.3 循环迭代

在 TS 中，循环迭代结构用于重复执行一段代码，直到满足特定条件为止。循环迭代是编程中常用的一种控制结构，它能够高效地处理重复性任务。本小节将介绍 TS 中常用的循环迭代语句，包括 for 循环、while 循环、do...while 循环和 for...of 循环。

#### 1. for 循环

for 循环是最常用的循环迭代结构，它可以在指定的条件下重复执行一段代码块。for 循环用于多次执行一个语句序列，简化管理循环变量的代码。以下是 for 循环的示例代码：

```
for (let i = 0; i < 5; i++) {
    console.log(i);
}
```

执行上述代码，for 循环输出结果如下：

```
[LOG]: 0
[LOG]: 1
[LOG]: 2
[LOG]: 3
[LOG]: 4
```

从上述执行结果中可以看出，执行这段代码时 for 循环会按照图 3.1 所示的流程执行。

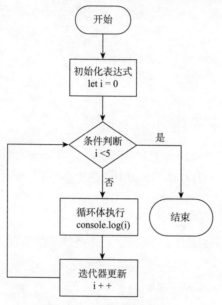

**图 3.1  for 循环流程图**

图 3.1 中的过程会一直持续，直到条件 i<5 不再满足为止。在这个示例中，i 会从 0 开始递增，依次输出 0、1、2、3、4。当 i=5 时，条件 i<5 不再满足，循环结束。

### 2. while 循环

while 循环是当给定条件为真时重复执行代码块，直到条件不再满足为止。以下是 while 循环的示例代码：

```
let i = 0;
while (i < 5) {
    console.log(i);
    i++;
}
```

while 循环与 for 循环类似，输出结果与 for 循环也相同，只是结构稍有不同。

### 3. do...while 循环

do...while 循环是先执行一次代码块，然后在给定条件为真时重复执行，直到条件不再满足为止。以下是 do...while 循环的示例代码：

```
let i = 0;
do {
```

ArkTS 鸿蒙应用开发入门到实战

```
    console.log(i);
    i++;
} while (i < 5);
```

上述代码使用了 do...while 循环，它与 while 循环非常相似，不同之处在于 do...while 循环会先执行一次循环体，然后再检查条件。

#### 4. for...of 循环

for...of 循环用于遍历可迭代对象（如数组、字符串等）的元素。以下是 for...of 循环的示例代码：

```
let colors: string[] = ["red", "green", "blue"];
for (let color of colors) {
    console.log(color);
}
```

执行上述代码，结果如下：

```
[LOG]: "red"
[LOG]: "green"
[LOG]: "blue"
```

上述代码使用了 for...of 循环来遍历数组 colors 中的元素。在每次迭代时，将数组中的当前元素赋给变量 color，然后将其输出。因为 colors 包含了 3 个元素，即 "red" "green" 和 "blue"，所以 for...of 循环会依次输出这 3 个元素。

综上所述，循环迭代结构是编程中的重要工具，它可以帮助我们处理重复性任务并提高代码的效率。在选择循环迭代结构时，应根据具体情况和需求选择最合适的方式。合理使用循环迭代结构能够使代码更加简洁、清晰和易于维护。

### 3.1.4 函数声明

在 TS 中，函数是一种可重复使用的代码块，它用于接收输入参数并返回值。函数声明是定义函数的方式，包括函数名称、参数列表和返回值类型。本小节将介绍 TS 中函数声明的基本语法以及一些常见的用法。

#### 1. 基本函数声明

以下是基本函数声明的示例代码：

```
function greet(name: string): void {
    console.log("Hello, " + name + "!");
}
greet("Alice");
```

执行上述代码，结果如下：

```
[LOG]: "Hello, Alice!"
```

在这个示例中，greet 是函数名称，name 是一个字符串（string）类型的参数，函数没有返回值（void 表示没有返回值）。

#### 2. 参数

函数可以有 0 个或多个参数，并根据需要指定参数的类型。以下是参数的示例代码：

```
function add(x: number, y: number): number {
    return x + y;
```

```
}
const result = add(3, 5);
console.log(result); // 输出 8
```

上述代码定义了一个函数 add()，它接收两个参数 x 和 y，这两个参数都必须是数值类型（number），并且在函数声明时指定了返回值类型为 number。

当调用函数时，传递了两个数字参数 3 和 5，函数会将这两个参数相加并返回结果。该结果被赋值给变量 result，然后通过 console.log(result) 语句将结果输出到控制台上。

### 3. 可选参数

在 TS 中，可以使用 ? 符号将参数标记为可选参数。以下是可选参数的示例代码：

```
function greet(name?: string): void {
    if (name) {
        console.log("Hello, " + name + "!");
    } else {
        console.log("Hello, stranger!");
    }
}
greet("Alice");
greet();
```

执行上述代码，结果如下：

```
[LOG]: "Hello, Alice!"
[LOG]: "Hello, stranger!"
```

上述代码定义了一个函数 greet()，用于接收一个可选参数 name，类型为字符串（string），返回值类型为 void，即没有返回值。

在函数体内，使用了条件语句来判断传递的参数 name 是否存在。如果存在，则输出 "Hello, "+ name +"!"，否则输出 "Hello, stranger! "。

### 4. 默认参数

函数参数可以有默认值。以下是默认参数的示例代码：

```
function greet(name: string = "stranger"): void {
    console.log("Hello, " + name + "!");
}
```

相比于可选参数来说，如果函数调用时没有传递参数，则函数会使用默认值 stranger。

### 5. 剩余参数

可以使用剩余参数语法（...）来接收不确定数量的参数。以下是剩余参数的示例代码：

```
function sum(...nums: number[]): number {
    return nums.reduce((acc, val) => acc + val, 0);
}
```

上述代码定义了一个函数 sum()，它使用剩余参数语法（...）来接收不确定数量的参数，并且参数的类型被指定为 number[]，表示参数是由 number 类型的值构成的数组。该函数返回一个 number 类型的值。

在函数体内部，使用了 reduce() 方法将接收到的所有参数进行累加，初始值为 0。reduce() 方法会对数组中的每个元素执行一个提供的函数，并将其结果汇总为单个返回值。

调用这个函数并传递一组数字参数，例如：

```
sum(1, 2, 3, 4, 5);
```

将返回 $1 + 2 + 3 + 4 + 5$ 的结果，即 15。

```
sum(10, 20, 30);
```

将返回 $10 + 20 + 30$ 的结果，即 60。

**6. 函数重载**

TS 支持函数重载，可以根据不同的参数类型和数量来调用不同的函数。以下是函数重载的示例代码：

```
function add(x: number, y: number): number;
function add(x: string, y: string): string;
function add(x: any, y: any): any {
 if (typeof x === "number" && typeof y === "number") {
    return x + y;
  } else if (typeof x === "string" && typeof y === "string") {
    return x.concat(y);
  }
}
// 调用 add() 函数并输出结果
console.log(add(5, 10));                 // 输出 15
console.log(add("Hello", "World")); // 输出 "HelloWorld"
```

执行上述代码，结果如下：

```
[LOG]: 15
[LOG]: "HelloWorld"
```

上述代码中的 add() 函数使用了函数重载，它有两个重载签名。第一个重载签名用于接收两个 number 类型的参数，返回值也是 number 类型；第二个重载签名用于接收两个 string 类型的参数，返回值也是 string 类型；最后一个函数部分是一个泛型实现，它通过检查参数的类型来确定应该执行哪个重载签名。

例如，当传递两个 number 类型的参数时，它会执行第一个重载签名的实现。

```
console.log(add(3, 5)); // 输出 8
```

而当传递两个 string 类型的参数时，它会执行第二个重载签名的实现。

```
console.log(add("Hello, ", "world!")); // 输出 "Hello, world!"
```

这样就完成了对 add() 函数的两个重载签名的测试调用。

综上所述，函数是 TS 中的重要组成部分，它使得代码模块化、可重用和易于维护。合理使用函数声明能够提高代码的可读性和可维护性，并促进代码的复用和扩展。

### 3.1.5 类和接口

在 TS 中，类（Class）和接口（Interface）是面向对象编程的两个核心概念，它们能使代码更加模块化、可复用和易于维护。类定义了创建对象的蓝图，而接口则定义了对象的结构和行为[9]。本小节将介绍 TS 中类和接口的基本语法，以及它们之间的关系。

### 1. 类

类是一种用于创建对象的模板，它包含了对象的属性和方法。以下是类声明的示例代码：

```
class Person {
    name: string;
    age: number;
    constructor(name: string, age: number) {
        this.name = name;
        this.age = age;
    }
    greet(): void {
        console.log(`Hello, my name is ${this.name} and I'm ${this.age} years
        old.`);
    }
}
let person = new Person("Alice", 30);
person.greet();
```

执行上述代码，输出结果如下：

```
[LOG]: "Hello, my name is Alice and I'm 30 years old."
```

定义类的关键字为 class，后面紧跟类名。类可以包含以下几个模块（类的数据成员）。

- 字段：字段是类中声明的变量，表示对象的有关数据。
- 构造函数：在类实例化时调用，可以为类的对象分配内存并初始化对象。
- 方法：方法定义了对象可以执行的操作。

### 2. 继承

TS 支持类的继承，子类可以继承父类的属性和方法，并可以重写或扩展它们。以下是继承的示例代码：

```
class Person {
    name: string;
    age: number;
    constructor(name: string, age: number) {
        this.name = name;
        this.age = age;
    }
    greet(): void {
        console.log(`Hello, my name is ${this.name}.`);
    }
}
class Student extends Person {
    grade: string;
    constructor(name: string, age: number, grade: string) {
        super(name, age);
        this.grade = grade;
    }
    study(): void {
        console.log(`${this.name} is studying in grade ${this.grade}.`);
    }
```

```
}
let student = new Student("Bob", 25, "Grade 10");
student.greet();
student.study();
```

执行上述代码，输出结果如下：

```
[LOG]: "Hello, my name is Bob."
[LOG]: "Bob is studying in grade Grade 10."
```

在创建类时，可以通过关键字 extends 继承一个已存在的类。这个已存在的类称为父类，继承它的类称为子类。子类除了不能继承父类的私有成员（方法和属性）和构造函数外，其他的都可以继承。

### 3. 接口

接口是一种用于描述对象的结构和行为的方式，它可以被类实现（implements）。以下是接口的示例代码：

```
interface Shape {
    color: string;
    area(): number;
}
class Circle implements Shape {
    color: string;
    radius: number;
    constructor(color: string, radius: number) {
        this.color = color;
        this.radius = radius;
    }
    area(): number {
        return Math.PI * this.radius ** 2;
    }
}
let circle = new Circle("red", 5);
console.log("Circle area:", circle.area());
```

执行上述代码，输出结果如下：

```
[LOG]: "Circle area:", 78.53981633974483
```

上述代码定义了一个接口 Shape，该接口描述了一个对象应该具有的属性和方法，包括一个颜色属性 color 和一个计算面积的方法 area()。然后定义了一个类 Circle，它实现了 Shape 接口，即类中包含了接口中定义的属性和方法。在类中，有一个额外的属性 radius，表示圆的半径，并且有一个构造函数来初始化 color 和 radius 属性。area() 方法根据圆的半径计算面积。最后创建了一个 Circle 类的实例 circle，并传入颜色和半径的参数。调用 area() 方法计算圆的面积，并输出结果。

需要注意，接口不能转换为 JS，它只是 TS 的一部分。

### 4. 可选属性和只读属性

接口中的属性可以是可选的，也可以是只读的。以下是可选属性和只读属性的示例代码：

```
interface Person {
    name: string;
    age?: number;
    readonly id: number;
```

```
}
let person: Person = {name: "Alice", id: 123};
person.age = 30; // 可选属性
person.id = 456; // 编译错误，只读属性无法修改
```

只读属性的编译错误示例如图 3.2 所示。

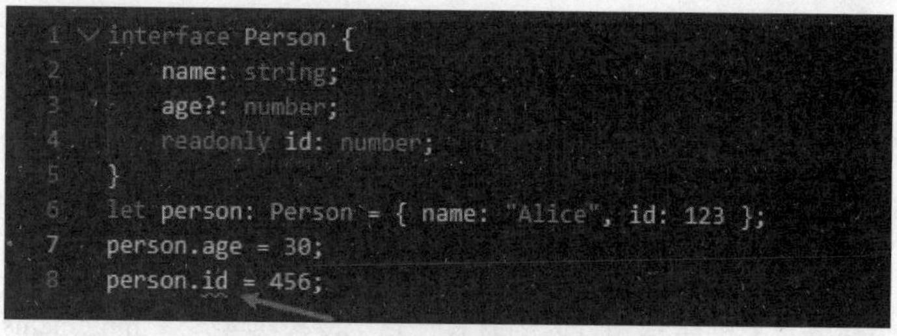

```
1  ∨ interface Person {
2         name: string;
3         age?: number;
4         readonly id: number;
5     }
6     let person: Person = { name: "Alice", id: 123 };
7     person.age = 30;
8     person.id = 456;
```

图 3.2　只读属性的编译错误示例

由图 3.2 可以看出，这段代码的接口 Person 包含 3 个属性：name 为字符串类型，age 为可选的数据类型，id 为只读的数据类型。之后创建了一个 person 对象，只提供了 name 和 id 属性的初始值。随后尝试给 person 对象的 age 属性赋值，这是允许的，因为 age 是可选属性。但是如果尝试修改 person 对象的 id 属性，将会导致编译错误，因为 id 是只读属性，无法修改。

综上所述，类和接口是 TS 中的两个核心概念，它们提供了丰富的面向对象编程功能，使得代码更加模块化、可维护和易于理解[10]。合理使用类和接口能够提高代码的可读性和可维护性，并促进代码的复用和扩展。

### 3.1.6　模块开发

在 TS 中，模块是一种组织和封装代码的有效方式，它有助于代码更加模块化、可复用和易于维护。通过模块化开发，可以将代码分割成多个文件，并通过导入（import）和导出（export）组合成一个整体[11]。本小节将介绍 TS 中模块开发的基本语法，以及模块化开发的最佳实践。

#### 1. 导入模块成员

使用 import 关键字导入其他模块中的成员。示例代码如下：

```
//app.ts
import {greet, version, Person} from "./greeter";
greet("Alice");
console.log("Version:", version);
let person = new Person("Bob");
console.log("Person name:", person.name);
```

#### 2. 导出模块成员

使用 export 关键字导出模块中的成员，如变量、函数、类等。示例代码如下：

```
//greeter.ts
export function greet(name: string): void {
    console.log("Hello, " + name + "!");
}
export const version: string = "1.0";
export class Person {
    constructor(public name: string) {}
}
```

### 3. 导入默认模块成员

导入默认模块成员时，可以选择使用任意名称。示例代码如下：

```
//app.ts
import customLogger from "./logger";
customLogger("Hello from custom logger!");
```

在完成上述文件的创建和代码编写后，在命令行中进入项目目录，并执行以下命令来编译 TS 文件：

```
tsc greeter.ts
tsc logger.ts
tsc app.ts
```

上述命令将分别编译 greeter.ts、logger.ts 和 app.ts 文件，并生成对应的 TS 文件。

在命令行中执行以下命令来运行应用程序：

```
node app.js
```

执行上述代码，模块开发文件结构和输出结果如图 3.3 所示。

图 3.3  模块开发文件结构和输出结果

### 4. 导出默认模块成员

可以使用 export default 语句导出模块默认成员，且一个模块只能有一个默认导出语句。示例代码如下：

```
//logger.ts
export default function log(message: string): void {
    console.log(message);
}


//app.ts
```

```
import logger from "./logger";
logger("Hello from logger!");
```

综上所述，模块化开发是 TS 中的重要特性，它能够使代码更加模块化、可复用和易于维护。合理使用模块能够提高代码的可读性和可维护性，并促进团队合作和代码复用 [12]。

# 3.2　ArkTS 基础知识

在学习了 TS 语言后，可以自然地过渡到 ArkTS 语言，ArkTS 在 TS 的基础上主要扩展了基本语法、状态管理和渲染控制三个方面，本节将逐一讲解 ArkTS 基础知识。

> 🔔 **拓展阅读: ArkTS 设计理念**
>
> 　　为了更好地支持 HarmonyOS 应用的开发和运行，从 HarmonyOS NEXT Developer Preview 0 版本开始，ArkTS 在 TS 的基础上，进一步通过规范强化了静态检查和分析。这样做有两个好处：一是许多错误可以在编译时被检测出来，而不用等到运行时，这大大降低了代码运行错误的风险，有利于提高程序的健壮性；二是减少运行时的类型检查，从而降低了运行时负载，有助于提升执行性能。
>
> 　　ArkTS 保留了 TS 大部分的语法特性，这可以帮助开发者更容易上手 ArkTS。同时，对于已有的标准 TS 代码，开发者仅需对少部分代码进行 ArkTS 语法适配，大部分代码可以直接复用 [13]。
>
> 　　此外，ArkTS 支持与标准 JS/TS 的高效互操作，并兼容 JS/TS 生态。HarmonyOS 也提供了标准 JS/TS 的执行环境支持，在"更注重已有生态直接复用"的场景下，开发者可以选择使用标准 JS/TS 进行代码复用或开发，这样可以更方便地兼容现有生态。

## 3.2.1　ArkTS 与 TS 的特性差异

ArkTS 在 TS 的基础上，通过规范约束了一些过于灵活的特性，这些特性可能影响开发正确性或给运行时带来额外开销。ArkTS 与 TS 的特性差异如图 3.4 所示。

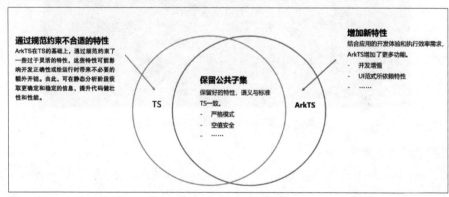

图 3.4　ArkTS 与 TS 的特性差异

ArkTS 在保持与 TS 相同的语义和标准的同时，还增加了新特性。为了满足应用开发体验和执行效率的需求，ArkTS 引入了更多功能。下面通过代码片段说明 ArkTS 的部分约束特性。

### 1. 对象字面量须标注类型

在 TS 中，为对象字面量添加类型注解是推荐的做法。示例代码如下：

```
const point ={
    x:0,
    y:0
}
```

以上 TS 代码片段展示了没有类型标注的场景。如果编译器不知道变量 point 的确切类型，由于对象布局不能确定，编译器无法深度优化这段代码，可能导致性能瓶颈。

此外，没有类型标注也意味着属性的类型缺少限制，如 point.x 的类型在此时为 number 类型，但它也可以被赋值为其他类型，这会造成额外的运行时检查和开销。

在 ArkTS 中，需要为对象字面量标注类型，代码如下：

```
interface Point{
    x:number,
    y:number
}
const point: Point ={
    x:0,
    y:0
}
```

### 2. 不支持在运行时更改对象的布局

在 TS 中，可以在运行时通过添加和删除属性来更改对象的布局，代码如下：

```
//TS 代码片段
class Point{
    public x: number
    public y:number
    constructor(x: number,y: number) {
        this.x=x
        this.y=y
    }
}
let p1 = new Point(1.0, 1.0);
delete p1.x        // 在 ArkTS 中，编译时错误，不允许删除属性
let p2 = new Point(2.0, 2.0);
p2.x =2.0          // 在 ArkTS 中，编译时错误，不允许添加属性
let p3 = new Point(3.0, 3.0);
p3.y= 'Hello!'     // 在 ArkTS 中，编译时错误，不允许赋值为其他类型
```

以上 TS 代码片段展示了如何在运行时更改对象的布局。运行时支持此类特性需要大量的性能开销，而 ArkTS 不支持在运行时更改对象的布局。

在 ArkTS 中，可以使用可选属性和给该属性赋值 undefined 的方式来替代。

### 3. 不支持结构化类型

结构化类型（structural typing）的示例代码如下：

```
class C {
    s: string =' '
}
class D {
    n: number = 0
```

```
    s: string =' '
}
function foo(c: C) {
    console.log(c.s)
}
foo(new D())    // 在 ArkTS 中，编译时错误，不支持结构化类型
```

以上 TS 代码片段展示了结构化类型的特性。在 ArkTS 中，在已经采用了名义化（nominal typing）类型系统的前提下，如果额外支持结构化类型，将会给语言实现和开发者带来麻烦。

在上述代码中，尽管函数 foo() 声明其参数类型是 C，但也可以传递类型为 D 的变量，这种灵活性可能不符合开发者的意图，并且容易引发程序行为的正确性问题。

另外，由于类型 D 和类型 C 布局不同，在 foo() 函数中对 c.s 这个属性的访问就不能被优化成根据固定偏移量访问的方式，从而可能导致运行时性能瓶颈。

### 3.2.2 ArkTS 的基本语法

ArkTS 的基本语法是开发 HarmonyOS 应用的基础。在初步了解了 ArkTS 语言之后，本小节以一个具体的案例来说明 ArkTS 的基本语法。基础页面代码如下（案例文件：第 3 章 /index.ets）：

```
@Entry
@Component
export struct AboutPage {
  @State message: string = '朱博'
  build() {
    Column(){
      Text(`你好 ${this.message}`)
        .fontSize(30)
        .margin({top:100})
      Divider()
      Button('点击')
        .onClick(()=>{
          this.message = '西北大学'
        })
        .height(40)
        .width(100)
        .margin({top:20})
    }
  }
}
```

执行上述代码，基础页面如图 3.5 所示。

当单击图 3.5 中的"点击"按钮时，将执行 Button 组件内的单击事件，单击后的页面如图 3.6 所示。

图 3.5　基础页面

图 3.6　单击后的页面

上述 ArkTS 基本页面代码的详细解释见表 3.1。

表 3.1　ArkTS 基本页面代码的详细解释

| 类　别 | 描　述 |
| --- | --- |
| 装饰器 | 用于装饰类、结构、方法及变量，并赋予其特殊的含义。例如，@Entry、@Component 和 @State 都是装饰器。@Entry 表示入口组件，@Component 表示自定义组件，@State 表示状态变量，其变化会触发 UI 刷新 |
| UI 描述 | 以声明式的方式来描述 UI 的结构。如 build() 方法中的代码块 |
| 自定义组件 | 可复用的 UI 单元，可组合其他组件。如示例中被 @Component 装饰的 struct AboutPage |
| 系统组件 | ArkUI 框架中默认内置的基础和容器组件，可直接被开发者调用。如 Column、Divider、Button 等 |
| 属性 | 组件可以通过链式调用配置多个属性。如 fontSize()、width()、height() 等 |
| 事件 | 组件可以通过链式调用设置多个事件的响应逻辑。如跟随在 Button 后面的 onClick() |

除此之外，ArkTS 还扩展了多种语法范式使开发更加便捷，见表 3.2。

表 3.2　多种语法范式

| 类　别 | 描　述 |
| --- | --- |
| @Builder | 特殊的封装 UI 描述的方法，用于细粒度的封装和复用 UI 描述 |
| @BuilderParam | @Builder 的装饰器，用于指定构造器参数 |
| @Extend | 用于扩展内置组件，提供更灵活的组件组合方式 |

### 3.2.3　ArkTS 的状态管理

前文所描述的页面都是静态的，如果希望构建一个动态的、可交互的界面，就需要引入状态的概念。ArkUI 提供了多种装饰器来实现这一功能，装饰器总览如图 3.7 所示。

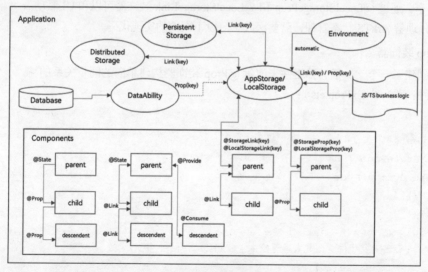

图 3.7　装饰器总览

由图 3.7 可知，Components 部分的装饰器用于组件级别的状态管理，而 Application 部分的装饰器用于应用级别的状态管理。开发者可以通过 @StorageLink/@LocalStorageLink 实现应用和组件状态的双向同步，通过 @StorageProp/@LocalStorageProp 实现应用和组件状态的单向同步。Components 级别的状态管理装饰器的具体作用见表 3.3。

表 3.3　Components 级别的状态管理装饰器的具体作用

| 装饰器 | 描　述 |
|---|---|
| @State | @State 装饰的变量拥有其所属组件的状态，可以作为其子组件单向和双向同步的数据源。当其数值改变时，会引起相关组件的渲染刷新 |
| @Prop | @Prop 装饰的变量可以与父组件构建单向同步关系，它所装饰的变量是可变的，但修改不会同步回父组件 |
| @Link | @Link 装饰的变量与父组件构建双向同步关系的状态变量，父组件会接收来自 @Link 装饰的变量的同步修改，父组件的更新也会同步给 @Link 装饰的变量 |
| @Provide/@Consume | @Provide/@Consume 装饰的变量用于跨组件层级（多层组件）同步状态变量，可以不需要通过参数命名机制传递，通过 alias（别名）或者属性名绑定 |
| @Observed | @Observed 装饰 class，应用于观察多层嵌套场景的 class 需要被 @Observed 装饰。单独使用 @Observed 没有任何作用，需要和 @ObjectLink、@Prop 连用 |
| @ObjectLink | @ObjectLink 装饰的变量接收 @Observed 装饰的 class 的实例，应用于观察多层嵌套场景，与父组件的数据源构建双向同步 |

Application 级别的状态管理装饰器的作用如下。

- AppStorage 是应用程序中的一个特殊的单例 LocalStorage 对象，作为应用级的数据库，与进程绑定。通过 @StorageProp 和 @StorageLink 装饰器，可以和 UI 联动。
- AppStorage 是应用状态的"中枢"，将需要与 UI 交互的数据存入 AppStorage，如持久化数据（PersistentStorage）和环境变量（Environment）。UI 再通过 AppStorage 提供的装饰器或者 API 接口访问这些数据。
- 框架还提供了 LocalStorage，作为应用程序声明的应用状态的内存"数据库"，用于页面级的状态共享，通过 @LocalStorageProp 和 @LocalStorageLink 装饰器可以和 UI 联动。

为了充分理解 ArkTS 状态管理，需要深入学习以下案例的实现代码。

**1. @Prop 装饰器**

本案例创建了一个父、子、孙组件来演示 @Prop 装饰器构建单向的同步关系的特点，实现代码如下（案例文件：第 3 章 /ExProp.ets）：

```
@Entry
@Component
struct StatePage {
  @State age: number = 122
  build() {
    Row() {
      Column({space: 30}) {
        Text('父组件 - 西北大学建校 -' + this.age+'年')
          .fontSize(25)
          .fontWeight(FontWeight.Bold)
          .onClick(() => {
            this.age += 1
          })
        PropPage({age: this.age}).margin({top:20})
      }
```

```
      .width('100%')
      //.padding(30)
    }
    .height('100%')
  }
}
@Component
struct PropPage {
  @Prop age: number
  build() {
    Row() {
      Column({space: 30}) {
        Text(' 子组件 – 西北大学建校 –' + this.age+' 年 ')
          .fontSize(23)
          .fontWeight(FontWeight.Bold)
          .onClick(() => {
            this.age += 1
          })
        Page({age: this.age}).margin({top:20})
      }
      .width('100%')
      //.padding(10)
    }
  }
}
@Component
struct Page {
  @Prop age: number
  build() {
    Row() {
      Column({space: 30}) {
        Text(' 孙组件 – 西北大学建校 –' + this.age+' 年 ')
          .fontSize(22)
          .fontWeight(FontWeight.Bold)
          .onClick(() => {
            this.age += 1
          })
      }
      .width('100%')
      //.padding(30)
    }
  }
}
```

执行上述代码，运行效果如图 3.8 所示。

由图 3.8 结合上述代码可知，age 的初始值为 122，因此初始页面中父组件、子组件、孙组件显示的 age 值都是 122。接下来，单击两次"父组件 – 西北大学建校 –122 年"，页面效果如图 3.9 所示。

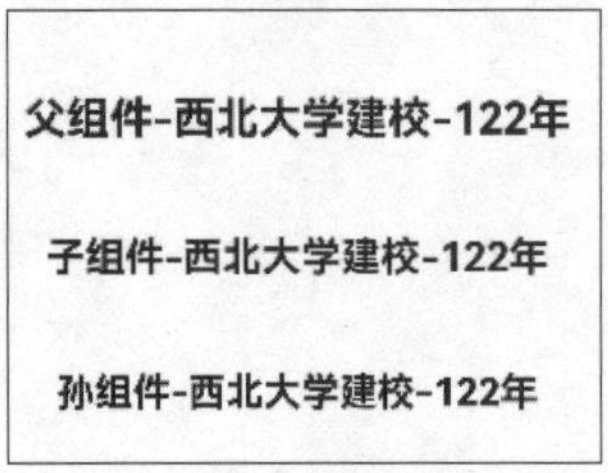

图 3.8 单向的同步关系运行效果 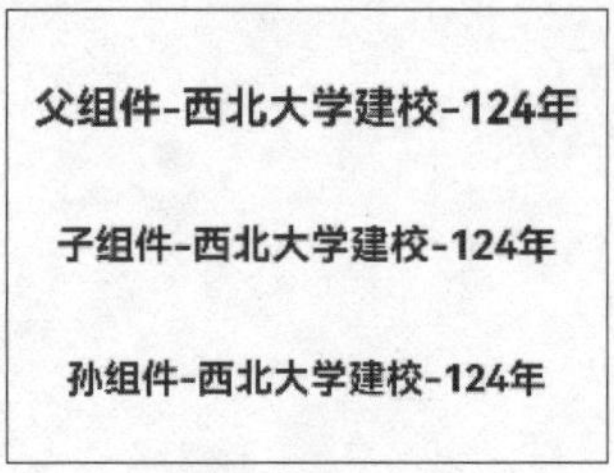　　图 3.9 单击两次父组件的页面效果

由图 3.9 结合上述代码可知,age 的初始值为 122；单击了两次"父组件 – 西北大学建校 –122 年",执行了两次"this.age += 1",所以现在 age 的值为 124。由于 @Prop 装饰的变量可以和父组件构建单向的同步关系,因此当父组件的 age 发生变化时,其子组件和孙组件也随之发生变化。

现在,单击一次"子组件 – 西北大学建校 –124 年"和单击两次"孙组件 – 西北大学建校 –124 年",页面效果如图 3.10 所示。

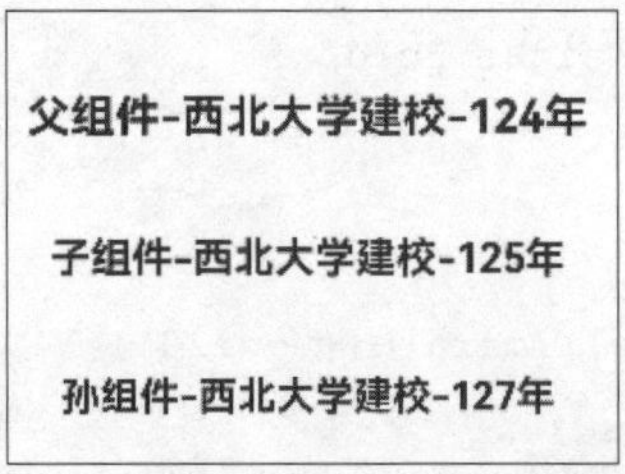

图 3.10 单击一次子组件和单击两次孙组件的页面效果

由图 3.10 可知,用户执行了单击一次子组件和单击两次孙组件操作后,子组件的值为 125,孙组件的值为 127。因为 @Prop 装饰的变量特性,第一次单击子组件时,age 的值由之前的 124 变为了 125,其子组件的子组件(即孙组件)的 age 值也变为了 125,所以显示"子组件 – 西北大学建校 –125 年";随后又单击了两次孙组件,所以 age 的值变为了 127。由于 @Prop 装饰的变量是单项传递,孙组件的变化无法影响其父组件,因此呈现现在的结果。

### 2. @Link 装饰器

在学习了 @Prop 装饰器的基础上学习 @Link 装饰器将变得更加容易。相比于 @Prop 装饰器,@Link 装饰器支持父子组件之间的双向同步特性。将 @Prop 装饰器的案例代码稍加改动,实现代码如下(案例文件：第 3 章 /ExLink.ets)：

```
@Entry
@Component
struct StatePage {
  @State age: number = 122
  build() {
    Row() {
      Column({space: 30}) {
        Text('父组件 – 西北大学建校 –' + this.age+'年')
          .fontSize(25)
          .fontWeight(FontWeight.Bold)
          .onClick(() => {
            this.age += 1
          })
        PropPage({age: $age}).margin({top:20})
      }
```

```
        .width('100%')
      //.padding(30)
    }
    .height('100%')
  }
}
@Component
struct PropPage {
  @Link age: number //Changed @Prop to @Link
  build() {
    Row() {
      Column({space: 30}) {
        Text(' 子组件 - 西北大学建校 -' + this.age+' 年 ')
          .fontSize(23)
          .fontWeight(FontWeight.Bold)
          .onClick(() => {
            this.age += 1
          })
        Page({age: $age}).margin({top:20})
      }
      .width('100%')
      //.padding(10)
    }
  }
}
@Component
struct Page {
  @Link age: number //Changed @Prop to @Link
  build() {
    Row() {
      Column({space: 30}) {
        Text(' 孙组件 - 西北大学建校 -' + this.age+' 年 ')
          .fontSize(22)
          .fontWeight(FontWeight.Bold)
          .onClick(() => {
            this.age += 1
          })
      }
      .width('100%')
      //.padding(30)
    }
  }
}
```

执行上述代码，在页面成功加载后，重新执行测试 @Prop 装饰器的步骤：单击两次父组件、单击一次子组件、单击两次孙组件。运行效果如图 3.11 所示。

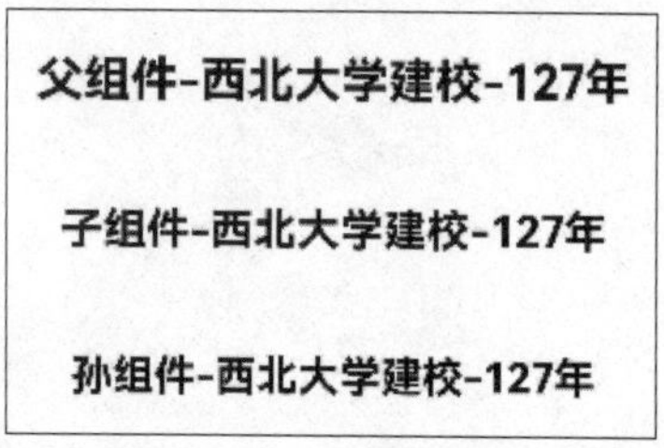

```
父组件-西北大学建校-127年

子组件-西北大学建校-127年

孙组件-西北大学建校-127年
```

图 3.11　@Link 装饰器代码块运行效果

由图 3.11 可知，父组件、子组件、孙组件的值都是 127。出现这样的结果是因为 @Link 装饰器支持双向传递，与 @Prop 装饰器的单向传递不同，当单击子组件时，其父组件的值也会发生改变。

综上所述，子组件中被 @Link 装饰的变量与其父组件中对应的数据源构建双向数据绑定，@Link 装饰的变量与其父组件中的数据源共享相同的值。

### 3. @Provide 装饰器和 @Consume 装饰器

@Provide 装饰器和 @Consume 装饰器用于实现与后代组件之间的双向数据同步，适用于状态数据在多个层级之间传递的场景。不同于前面提到的父子组件之间通过命名参数机制传递，@Provide 装饰器和 @Consume 装饰器摆脱了命名参数机制传递的束缚，实现了跨层级传递。

对于 @Provide 装饰器和 @Consume 装饰器的学习，依然采用前面的案例来突出其特性。使用 @Provide 装饰器和 @Consume 装饰器的代码如下（案例文件：第 3 章 /ExConsume.ets）：

```
@Component
struct CompD {
  @Consume age: number;
  build() {
    Column() {
      Text(`reviewVotes(${this.age})`)
      Text(' 四代组件 - 西北大学建校 -' + this.age+' 年 ')
        .fontSize(23)
        .fontWeight(FontWeight.Bold)
        .onClick(() => {
          this.age += 1
        })
        .margin({left:20,bottom:20})
    }
  }
}
@Component
struct CompC {
  build() {
    Column() {
      CompD()
      CompD()
    }
  }
}
@Component
struct CompB {
  build() {
```

```
      CompC()
    }
  }
}
@Entry
@Component
struct CompA {
  @Provide age: number = 122
  build() {
    Row(){
      Column() {
        Text(' 父组件 – 西北大学建校 –' + this.age+' 年 ')
          .fontSize(25)
          .fontWeight(FontWeight.Bold)
          .onClick(() => {
            this.age += 1
          }).margin({left:20,bottom:20})
        CompB()
      }
    }
    .height('100%')
  }
}
```

执行上述代码，运行效果如图 3.12 所示。

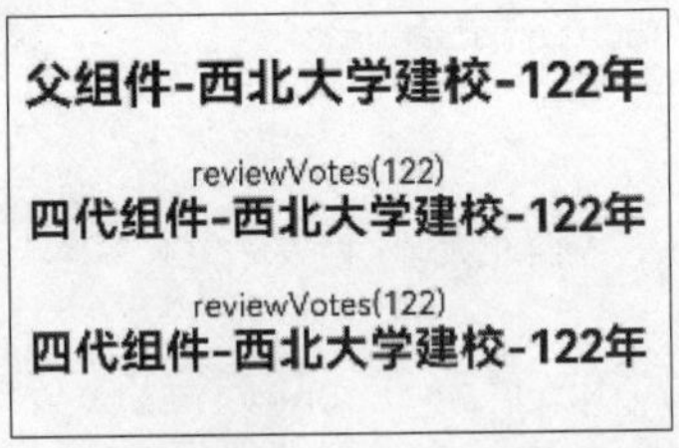

**图 3.12　@Provide 装饰器和 @Consume 装饰器运行效果**

由图 3.12 可知，无论是单击父组件还是后代组件，其中的 age 值都是同时发生变化的。当单击 CompA 和 CompD 组件内的 Button 按钮时，变量 age 的更改会双向同步在 CompA 和 CompD 中。

@Provide 与 @Consume 装饰的状态变量有以下特性。

（1）@Provide 装饰的状态变量自动对其所有后代组件可用，即该变量被提供给它的子组件。由此可见，@Provide 装饰器的方便之处在于，开发者不需要多次在组件之间传递变量。

（2）后代组件通过使用 @Consume 装饰器去获取 @Provide 装饰器提供的变量，建立 @Provide 装饰器和 @Consume 装饰器之间的双向数据同步。与 @State/@Link 装饰器不同的是，@Provide 装饰器和 @Consume 装饰器可以在多层级的父子组件之间传递数据。

（3）@Provide 装饰器和 @Consume 装饰器可以通过相同的变量名或者相同的变量别名进行绑定，但变量类型必须相同。

综上所述，@Provide 装饰器和 @Consume 装饰器通过相同的变量名或者相同的变量别名进行绑定时，@Provide 装饰器装饰的变量和 @Consume 装饰器装饰的变量之间存在一对多的关系。不允许在同一个自定义组件内（包括其子组件），声明多个同名或者相同别名的 @Provide 装饰器装饰的变量。

### 3.2.4　ArkTS 的渲染控制

ArkTS 通过自定义组件的 build() 方法以及使用 @builder 装饰器中的声明式 UI 描述语句来构建相应的 UI。在声明式描述语句中，开发者不仅可以使用系统组件，还可以使用渲染控制语句来辅助 UI 的构建。这些渲染控制语句包括用于控制组件显示的条件渲染语句、基于数组类型数据快速生成组件的循环渲染语句，以及针对大数据量场景的数据懒加载语句[14]。

下面将从条件渲染、循环渲染、数据懒加载三个方面进行详细讲解。

#### 1. 条件渲染——if/else

ArkTS 提供了渲染控制能力。其中，条件渲染允许开发者根据应用的不同状态，使用 if、else 和 else if 语句来渲染相应的 UI 内容。条件渲染案例代码如下（案例文件：第 3 章 /Exif.ets）：

```
@Entry
@Component
struct IfForEach {
  @State status: boolean = true
  build() {
    Row() {
      Column() {
        Button(' 条件渲染——切换 ')
          .fontSize(30)
          .width(350)
          .height(50)
          .onClick(() => {
            this.status = !this.status;
          })
        if (this.status) {
          if_son({ content: ' 西北大学·西安 ' })
        } else {
          if_son({content: 'NorthWest University'})
        }
      }
      .width('100%')
    }
    .height('100%')
  }
}
@Component
struct if_son {
  content: string
  build() {
    Text(this.content)
      .fontSize(30)
      .margin({top:30})
  }
}
```

上述代码通过单击按钮切换状态值，合理地运用了条件渲染，根据不同的状态值选择渲染不同文本内容的 if_son 组件。

执行上述代码，运行效果如图 3.13 所示。

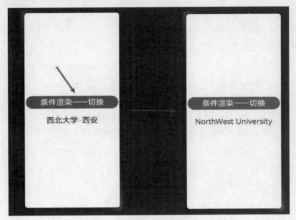

图 3.13　条件渲染案例运行效果

由图 3.13 可知，上述代码设计了一个单击按钮，其 status 的初始值为 true。根据条件渲染，初始显示"西北大学·西安"，当完成一次单击操作后，status 值变为 false，根据条件渲染显示 NorthWest University。

ArkTS 的渲染控制能力的使用规则如下。

（1）支持 if、else 和 else if 语句。

（2）if 和 else if 语句后跟随的条件语句可以使用状态变量。

（3）允许在容器组件内使用，通过条件渲染语句构建不同的子组件。

（4）条件渲染语句在涉及组件的父子关系时是"透明"的，当父组件和子组件之间存在一个或多个 if 语句时，必须遵守父组件关于子组件使用的规则。

（5）每个分支内部的构建函数必须遵循构建函数的规则，并创建一个或多个组件。无法创建组件的空构建函数会产生语法错误。

（6）某些容器组件限制子组件的类型或数量，将条件渲染语句用于这些组件内时，这些限制将同样适用于条件渲染语句内创建的组件。例如，Grid 容器组件的子组件仅支持 GridItem 组件，在 Grid 内使用条件渲染语句时，条件渲染语句内仅允许使用 GridItem 组件。

综上所述，ArkTS 提供了条件渲染的能力，通过 if、else 和 else if 语句结合状态变量，可以在组件内根据不同的条件渲染不同的子组件。但需要注意遵守父组件对子组件的规则，且每个条件分支内必须遵循构建函数规则并创建至少一个组件。

**2. 循环渲染——ForEach**

ForEach 接口基于数组类型数据进行循环渲染，需要与容器组件配合使用，且接口返回的组件应当是允许包含在 ForEach 父容器组件中的子组件。循环渲染案例代码如下（案例文件：第 3 章 /ExForEach.ets）：

```
@Entry
@Component
struct ForEachListItem {
  private arr: number[] = [1, 2, 3, 4, 5,]
  private gogo: String[] = ["西北大学","西安","211","双一流","计算机科学与技术"]
  build() {
    Column() {
      Text(' 循环渲染 ')
        .width('100%').height(30).fontSize(25)
        .textAlign(TextAlign.Center).borderRadius(10)
```

```
        .margin({top:30,bottom:20})
    List({space: 20, initialIndex: 0}) {
      ForEach(this.arr, (item) => {
        // 创建列表项
        ListItem() {
          Text(item+'.' + this.gogo[item-1])
            .width('100%').height(100).fontSize(16)
            .textAlign(TextAlign.Center).borderRadius(10).
            backgroundColor(0xFFFFFF)
        }
      }, item => item)
    }.width('90%')
    .margin({top:10})
  }.width('100%').height('100%')
  .backgroundColor("#ADD8E6")
  .padding({top: 5})
  }
}
```

执行上述代码，运行效果如图 3.14 所示。

**图 3.14　循环渲染案例运行效果**

由图 3.14 和上述代码可知，arr 数组控制循环渲染次数和数字小标，而 gogo 数组控制渲染内容。与容器组件配合使用，可以很好地实现循环渲染的功能。

综上所述，在 ForEach 循环渲染过程中，系统会为每个数组元素生成一个唯一且持久的键值，用于标识对应的组件。当这个键值变化时，将视为该数组元素已被替换或修改，并会基于新的键值创建一个新的组件。

### 3. 数据懒加载——LazyForEach

LazyForEach 从提供的数据源中按需迭代数据，并在每次迭代过程中创建相应的组件。当在滚动容器中使用了 LazyForEach 时，框架会根据滚动容器可视区域按需创建组件。当组件滑出可视区域时，框架会进行组件销毁回收，以降低内存占用。

在确定键值生成规则后，LazyForEach 的第二个参数 itemGenerator 函数会根据键值生成规则为数据源的每个数据项创建组件。组件的创建包括 LazyForEach 首次渲染和 LazyForEach 非首次渲染两种情况。

（1）LazyForEach 首次渲染。在 LazyForEach 首次渲染时，会根据上述键值生成规则为数据源的每个数据项生成唯一键值，并创建相应的组件。LazyForEach 首次渲染案例代码如下（案例文件：第 3 章 /ExLazyForEach.ets）：

```
//Basic implementation of IDataSource to handle data listener
class BasicDataSource implements IDataSource {
  private listeners: DataChangeListener[] = [];
  private originDataArray: string[] = [];
  public totalCount(): number {
    return 0;
  }
  public getData(index: number): string {
    return this.originDataArray[index];
  }
  // 该方法为框架侧调用，为 LazyForEach 组件向其数据源处添加 listener 监听
  registerDataChangeListener(listener: DataChangeListener): void {
    if (this.listeners.indexOf(listener) < 0) {
      console.info('add listener');
      this.listeners.push(listener);
    }
  }
  // 该方法为框架侧调用，为对应的 LazyForEach 组件在数据源处去除 listener 监听
  unregisterDataChangeListener(listener: DataChangeListener): void {
    const pos = this.listeners.indexOf(listener);
    if (pos >= 0) {
      console.info('remove listener');
      this.listeners.splice(pos, 1);
    }
  }
  // 通知 LazyForEach 组件需要重载所有子组件
  notifyDataReload(): void {
    this.listeners.forEach(listener => {
      listener.onDataReloaded();
    })
  }
  // 通知 LazyForEach 组件需要在 index 对应索引处添加子组件
  notifyDataAdd(index: number): void {
    this.listeners.forEach(listener => {
      listener.onDataAdd(index);
    })
  }
  // 通知 LazyForEach 组件在 index 对应索引处数据有变化，需要重建该子组件
  notifyDataChange(index: number): void {
```

```
        this.listeners.forEach(listener => {
          listener.onDataChange(index);
        })
      }
      // 通知 LazyForEach 组件需要在 index 对应索引处删除该子组件
      notifyDataDelete(index: number): void {
        this.listeners.forEach(listener => {
          listener.onDataDelete(index);
        })
      }
    }
    class MyDataSource extends BasicDataSource {
      private dataArray: string[] = [];
      public totalCount(): number {
        return this.dataArray.length;
      }
      public getData(index: number): string {
        return this.dataArray[index];
      }
      public addData(index: number, data: string): void {
        this.dataArray.splice(index, 0, data);
        this.notifyDataAdd(index);
      }
      public pushData(data: string): void {
        this.dataArray.push(data);
        this.notifyDataAdd(this.dataArray.length - 1);
      }
    }
    @Entry
    @Component
    struct MyComponent {
      private data: MyDataSource = new MyDataSource();
      private gogo: String[] = ["西北大学", "西安", "211", "双一流", "计算机科学与
    技术"];
      private departments: String[] = ["信息科学与技术学院","文学院", "历史学院", "文
    化遗产学院", "经济管理学院", "公共管理学院(包括应急管理学院)", "外国语学院", "法学院(包
    括知识产权学院)", "马克思主义学院", "哲学学院", "新闻传播学院", "数学学院", "物理学
    院", "化学与材料科学学院", "地质学院", "城市与环境学院", "生命科学学院","化工学院",
    "食品科学与工程学院", "医学院", "艺术学院", "体育教研部", "国际教育学院", "职业技术
    学院", "软件职业技术学院"];
      aboutToAppear() {
        for (let i = 0; i <= 20; i++) {
          this.data.pushData(`Hello 西北大学 `+this.departments[i])
        }
      }
      build() {
        List({space: 3}) {
          LazyForEach(this.data, (item: string) => {
```

```
        ListItem() {
          Row() {
            Text(item).fontSize(20)
              .onAppear(() => {
                console.info("appear:" + item)
              })
              .margin({top:10})
          }.margin({left: 10, right: 10})
        }
      }, (item: string) => item)
    }.cachedCount(5)
  }
}
```

执行上述代码，运行效果如图 3.15 所示。

图 3.15　LazyForEach 首次渲染代码案例运行效果

由图 3.15 可知，当在滚动容器中使用 LazyForEach 时，框架会根据滚动容器可视区域按需创建组件，并在组件滑出可视区域时销毁并回收，以降低内存占用。在上述代码中，键值生成规则是 keyGenerator() 函数的返回值 item。LazyForEach 为数据源数据项依次生成键值，并创建对应的 ListItem 子组件渲染到界面上。

数据懒加载 LazyForEach 的使用限制如下。

- LazyForEach 必须在容器组件内使用，仅有 List、Grid、Swiper 及 WaterFlow 组件支持数据懒加载（可配置 cachedCount 属性，即只加载可视部分及其前后少量数据用于缓冲），其他组件仍然是一次性加载所有的数据。
- LazyForEach 在每次迭代中必须创建且只允许创建一个子组件。
- 生成的子组件必须允许包含在 LazyForEach 父容器组件中的子组件中。

61

- 允许 LazyForEach 包含在 if/else 条件渲染语句中，也允许 LazyForEach 中出现 if/else 条件渲染语句。
- 键值生成器必须针对每个数据生成唯一的值，如果键值相同，将导致键值相同的 UI 组件渲染出现问题。
- LazyForEach 必须使用 DataChangeListener 对象进行更新。当第一个参数 dataSource 使用状态变量时，状态变量的改变不会触发 LazyForEach 的 UI 刷新。
- 为了高性能渲染，通过 DataChangeListener 对象的 onDataChange() 方法来更新 UI 时，需要生成不同于原来的键值来触发组件刷新。

（2）LazyForEach 非首次渲染。当 LazyForEach 数据源发生变化且需要再次渲染时，开发者应根据数据源的变化情况调用 listener 对应的接口，通知 LazyForEach 进行相应的更新。LazyForEach 非首次渲染案例代码如下（案例文件：第 3 章 /ExLazyForEach2.ets）：

```
class BasicDataSource implements IDataSource {
  private listeners: DataChangeListener[] = [];
  private originDataArray: string[] = [];

  public totalCount(): number {
    return 0;
  }
  public getData(index: number): string {
    return this.originDataArray[index];
  }
  registerDataChangeListener(listener: DataChangeListener): void {
    if (this.listeners.indexOf(listener) < 0) {
      console.info('add listener');
      this.listeners.push(listener);
    }
  }
  unregisterDataChangeListener(listener: DataChangeListener): void {
    const pos = this.listeners.indexOf(listener);
    if (pos >= 0) {
      console.info('remove listener');
      this.listeners.splice(pos, 1);
    }
  }
  notifyDataReload(): void {
    this.listeners.forEach(listener => {
      listener.onDataReloaded();
    })
  }
  notifyDataAdd(index: number): void {
    this.listeners.forEach(listener => {
      listener.onDataAdd(index);
    })
  }
  notifyDataChange(index: number): void {
    this.listeners.forEach(listener => {
```

```
        listener.onDataChange(index);
      })
    }
    notifyDataDelete(index: number): void {
      this.listeners.forEach(listener => {
        listener.onDataDelete(index);
      })
    }
}
class MyDataSource extends BasicDataSource {
    private dataArray: string[] = [];
    public totalCount(): number {
      return this.dataArray.length;
    }
    public getData(index: number): string {
      return this.dataArray[index];
    }
    public addData(index: number, data: string): void {
      this.dataArray.splice(index, 0, data);
      this.notifyDataAdd(index);
    }
    public pushData(data: string): void {
      this.dataArray.push(data);
      this.notifyDataAdd(this.dataArray.length - 1);
    }
}
@Entry
@Component
struct MyComponent {
    private data: MyDataSource = new MyDataSource();
    private departments: String[] = ["信息科学与技术学院","文学院", "历史学院", "文
    化遗产学院", "经济管理学院", "公共管理学院(包括应急管理学院)", "外国语学院", "法学院(包
    括知识产权学院)", "马克思主义学院", "哲学学院", "新闻传播学院", "数学学院", "物理学
    院", "化学与材料科学学院", "地质学院", "城市与环境学院", "生命科学学院","化工学院",
    "食品科学与工程学院", "医学院", "艺术学院", "体育教研部", "国际教育学院", "职业技术
    学院", "软件职业技术学院"];
    aboutToAppear() {
      for (let i = 0; i <= 20; i++) {
        this.data.pushData(`Hello 西北大学 `+this.departments[i])
      }
    }
    build() {
      List({space: 3}) {
        LazyForEach(this.data, (item: string) => {
          ListItem() {
            Row() {
              Text(item).fontSize(20)
                .onAppear(() => {
```

```
                console.info("appear:" + item)
            })
            .margin({top:10})
        }.margin({left: 10, right: 10})
    }
    .onClick(() => {
        // 单击追加子组件
        this.data.pushData(`Hello 西北大学 新学院 ${this.data.totalCount()}`);
    })
    }, (item: string) => item)
}.cachedCount(5)
}
}
```

执行上述代码，运行效果如图 3.16 所示。

**图 3.16　LazyForEach 非首次渲染案例运行效果**

由图 3.16 可知，当单击 LazyForEach 的子组件时，首先会调用数据源 data 的 pushData() 方法。该方法会在数据源末尾添加数据并调用 notifyDataAdd() 方法。在 notifyDataAdd() 方法内，会调用 listener.onDataAdd() 方法，通知 LazyForEach 在该索引处有数据添加。LazyForEach 随后在该索引处新建子组件。

综上所述，LazyForEach 用于实现数据懒加载，根据滚动容器可视区域按需创建组件，并在滑出可视区域时进行组件的销毁回收，以降低内存占用。它必须在支持的容器组件内使用 DataChangeListener 对象进行更新。此外，键值生成器必须保证为每个数据项生成唯一的键值。

## 3.3　本 章 小 结

本章详细介绍了 ArkTS 语言的基础知识，从 TS 语言的快速学习开始，涵盖了变量声明、条件控制、循环迭代、函数声明、类和接口，以及模块开发等内容。随后，深入探讨了 ArkTS 语言与 TS 语言的特性差异，剖析了 ArkTS 语言的基本组成、状态管理和渲染控制等核心要素。

通过本章的学习，读者将能够初步掌握 ArkTS 语言的基本语法和特性，为后续的 HarmonyOS 应用开发奠定坚实的基础。

# 第 **4** 章　ArkUI 框架入门

经过前面几章的学习，我们已经掌握了 ArkTS 的基本语法。本章将带领读者进一步学习 ArkUI 框架，它是基于 ArkTS 语法的应用开发框架。本章将从 ArkUI 框架的基础概念开始，详细讲解 ArkUI 框架的开发模型、资源管理和多语言配置，旨在帮助读者快速掌握 ArkUI 框架的开发技巧。

# 4.1　Stage 模型

本节将介绍 Stage 模型，它作为 HarmonyOS 主推且长期演进的模型，其核心组成部分包括 UIAbility 组件和 ExtensionAbility 组件、WindowStage、Context 和 AbilityStage。

## 4.1.1　Stage 模型的设计出发点

在当今数字化时代，应用程序的复杂性不断增加，用户对于多样性和高性能的需求也在不断提升。面对这一挑战，传统的应用开发模式已经显得力不从心。因此，HarmonyOS 采用了 Stage 模型，这是一种全新的应用开发范式，旨在重新定义复杂应用的设计理念和架构思路，以应对日益增长的复杂性和多样性[15]。Stage 模型的设计出发点基于以下三个方面。

### 1. 为复杂应用而设计

Stage 模型的设计初衷是应对复杂应用的开发和管理挑战。它采用了面向对象的开发方式，通过多个应用组件共享同一个 ArkTS 引擎实例，实现了对象和状态的共享，从而提高了代码的可读性、易维护性和可扩展性，同时降低了复杂应用对内存的占用。

### 2. 支持多设备和多窗口形态

Stage 模型支持多设备（如桌面设备和移动设备）和多窗口形态。其通过将应用组件管理和窗口管理在架构层面解耦，实现了系统对应用组件进行灵活的裁剪和窗口形态的扩展，从而提供了更加丰富的用户体验[16]。

### 3. 平衡应用能力和系统管控成本

Stage 模型重新定义了应用能力的边界，以平衡应用能力和系统管控成本。它提供了特定场景的应用组件，如服务卡片和输入法，以满足更多的使用场景。同时，Stage 模型对后台应用进程进行了规范化管理，防止恶意应用行为，保障用户体验。

HarmonyOS 的 Stage 模型的基本概念包括 UIAbility 和 ExtensionAbility 两种重要组件。其中，UIAbility 用于包含 UI 的应用组件，与用户交互，其生命周期涉及创建、销毁、前台和后台等状态；ExtensionAbility 则面向特定场景，开发者需要使用其派生类来实现特定功能，如服务卡片场景、输入法场景等。每个 UIAbility 实例都与一个 WindowStage 类实例绑定，提供窗口管理功能。Context 类及其派生类向开发者提供运行时资源和能力，而 AbilityStage 则为每个 HAP 中的 UIAbility 提供运行时信息。先介绍这些概念有助于理解 HarmonyOS 中应用开发的基本架构和组件关系。

## 4.1.2　Stage 模型的基本概念

UIAbility 和 ExtensionAbility 这两种组件都有具体的类承载，支持面向对象的开发方式。Stage 模型概念如图 4.1 所示。

由图 4.1 可知，这种对后台进程进行有序约束的机制，可以确保前台进程的资源得到保障，从而提升用户体验。

针对 Stage 模型概念中的各个组件进行如下解释。

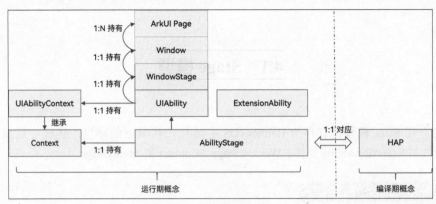

图 4.1　Stage 模型概念

### 1. UIAbility 组件

UIAbility 组件是一种包含 UI 的应用组件，主要用于和用户交互。例如，图库类应用可以在 UIAbility 组件中展示图片瀑布流，用户选择某个图片后，在新页面中展示图片的详细内容。同时，用户可以通过返回键返回到瀑布流页面。UIAbility 的生命周期包含创建、销毁、前台和后台等状态，与显示相关的状态通过 WindowStage 的事件暴露给开发者。

### 2. ExtensionAbility 组件

ExtensionAbility 组件是一种面向特定场景的应用组件。开发者需要使用 ExtensionAbility 的派生类。目前，ExtensionAbility 有 FormExtensionAbility（服务卡片场景）、InputMethodExtensionAbility（输入法场景）、WorkSchedulerExtensionAbility（闲时任务场景）等多种派生类。这些派生类都是基于特定场景提供的。例如，用户在桌面创建应用服务卡片，需要应用开发者从 FormExtensionAbility 派生，实现其中的回调函数，并在配置文件中配置该能力。ExtensionAbility 派生类实例由用户触发创建，并由系统管理生命周期。在 Stage 模型中，普通应用开发者不能开发自定义服务，而是需要根据自身的业务场景通过 ExtensionAbility 的派生类来实现。

### 3. WindowStage

每个 UIAbility 类实例都会与一个 WindowStage 类实例绑定，该类提供了应用进程内窗口管理器的作用。它包含一个主窗口，也就是说，UIAbility 通过 WindowStage 持有了一个主窗口，该主窗口为 ArkUI 提供了绘制区域。

### 4. Context

在 Stage 模型中，Context 及其派生类向开发者提供在运行期可以调用的各种资源和能力。UIAbility 组件和各种 ExtensionAbility 派生类都有各自不同的 Context 类，它们都继承自基类 Context，但是各自又根据所属组件提供不同的能力。

### 5. AbilityStage

每个 Entry 类型或者 Feature 类型的 HAP 在运行期都有一个 AbilityStage 类实例。当 HAP 中的代码首次被加载到进程中时，系统会先创建 AbilityStage 实例。每个在该 HAP 中定义的 UIAbility 类，在实例化后都会与该实例产生关联。开发者可以使用 AbilityStage 获取该 HAP 中 UIAbility 实例的运行时信息。

### 4.1.3　Stage 模型下的应用结构

Stage 模型下的应用结构如图 4.2 所示。

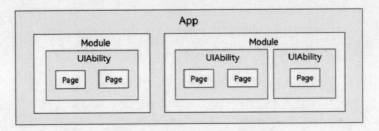

**图 4.2　Stage 模型下的应用结构**

由图 4.2 可知，一个 App 包含一个或多个 Module，一个 Module 可以包含一个或多个 UIAbility 组件，一个 UIAbility 组件由一个或多个 Page 组成。

其中，Module 是指与一个 App 相关的功能单元，它可以独立进行开发、编译和调试。通过将 App 按照模块划分，并交由不同的开发者分别负责，最后再将各模块组合在一起，有效提升了开发效率并简化了后期维护的工作。一个 App 可以包含一个或多个 Module。其中，只能有一个 Module 被定义为 Entry 模块，即 App 的主入口模块，用户可以通过此模块跳转进入其他模块。其余的 Module 则只能被定义为 Feature 模块，即 App 的功能模块。每个 App 中只能有一个 Entry 模块，但可以有多个 Feature 模块。

Module 中的 UIAbility 是 Stage 应用模型中的应用组件。每个 UIAbility 管理着一个窗口，负责处理窗口内与用户之间的交互。每个 UIAbility 对应着任务管理器中的一个任务。通过配置，每个 UIAbility 都可以作为应用的入口，让用户进入不同的窗口。

最里面一层的 Page 是应用展示在用户面前的 UI 界面，它被管理在 UIAbility 所管理的窗口中，每个 Page 就像是展示在舞台上的一幕幕场景。

## 4.2　资源管理

本节将介绍 HarmonyOS 应用的资源分类和资源访问，以及应用开发中使用的像素单位及其相互转换的方法。

### 4.2.1　资源分类

在 HarmonyOS 中，移动端应用开发中常用的资源，如图片、音 / 视频、字符串等，都被统一放置在 resources 目录下的各个子目录中，以便于开发者使用和维护。resources 目录包含两大类子目录：一类是 base 目录与限定词目录，另一类是 rawfile 目录。当新建一个 HarmonyOS 应用时，默认生成的资源目录结构如下。

```
├─ entry
│  └─ src
│     ├─ main
│     │  ├─ ets
│     │  │  ├─ entryability
│     │  │  └─ pages
│     │  └─ resources
│     │     ├─ base
│     │     │  ├─ element
```

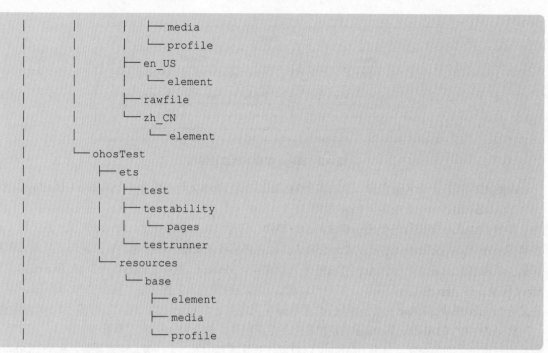

```
 |         |         |       ├── media
 |         |         |       └── profile
 |         |         ├── en_US
 |         |         |       └── element
 |         |         ├── rawfile
 |         |         └── zh_CN
 |         |                 └── element
 |         └── ohosTest
 |                 ├── ets
 |                 |       ├── test
 |                 |       ├── testability
 |                 |       |       └── pages
 |                 |       └── testrunner
 |                 └── resources
 |                         └── base
 |                                 ├── element
 |                                 ├── media
 |                                 └── profile
```

由以上资源目录结构可知，在 ohosTest 目录下的 resources 中的 base 目录和限定词目录之下可以建立资源组目录，其中包括 element、media、profile，用于存放各种特定类型的资源文件。各资源目录及资源文件说明见表 4.1。

表 4.1　资源目录

| 资源目录 | 资源文件说明 |
| --- | --- |
| element | 包括字符串、整型、颜色、样式等资源的 json 文件。每个资源均由 json 格式进行定义，例如：<br>boolean.json：布尔型<br>color.json：颜色<br>float.json：浮点型<br>intarray.json：整型数组<br>integer.json：整型<br>pattern.json：样式<br>plural.json：复数形式<br>strarray.json：字符串数组<br>string.json：字符串 |
| media | 多媒体文件，如图形、视频、音频等文件，支持的文件格式包括 .png、.gif、.mp3、.mp4 等 |
| profile | 其他类型文件，以原始文件形式保存 |

综上所述，在 HarmonyOS 移动端应用开发中，常用资源被放置在 resources 目录下的子目录中，包括 base 目录与限定词目录以及 rawfile 目录。其中，在 base 目录和限定词目录下可建立资源组目录，如 element、media、profile，分别用于存放不同类型的资源文件。

### 4.2.2　资源访问

HarmonyOS 应用资源可以分为应用资源和系统资源两类。它们的访问方式介绍如下。

#### 1. 访问应用资源

base 目录下的资源文件会被编译成二进制文件，并且为这些资源赋予唯一的 ID。使用相应资源时，可以通过资源访问符 $r('app.type.name') 进行访问。这里的 app 代表应用内 resources 目录中定义的资源；type 表示资源类型，可取值包括 color、float、string、media 等；name 表示资源的文件名。例如，如果在 string.json 中新增了一个名为 Logo_name 的字符串，则可以通过 $r('app.string.Logo_name') 来访问该字符串资源。

在资源目录 element 下新建 color.json 和 float.json 文件，用于存放颜色和字体,资源存放内容如图 4.3 所示。

（a）字符串　　　　　　　　　（b）颜色　　　　　　　　　（c）字体

**图 4.3　资源存放内容**

访问应用资源的代码案例如下（案例文件：第 4 章 /ExLogin.ets）：

```
import promptAction from '@ohos.promptAction'
import router from '@ohos.router'
@Entry
@Component
struct Login {
  @State message: string = 'Hello World'
  private userName: string = ''
  private password: string = ''
  @State loadingWidth: number = 0
  build() {
    Row() {
      Column() {
        Image($r('app.media.logo'))
          .width(100)
          .height(100)
        Text($r('app.string.Logo_name'))
          .fontSize(30)
          .fontColor($r('app.color.Logo_color'))
          .fontSize($r('app.float.Logo_float'))
          .margin(15)
        Column(){
```

```
TextInput({placeholder: '账号'})
  .maxLength(10)
  .margin({bottom: 20})
  .onChange((value: string) => {
    this.userName = value
  })
TextInput({placeholder: '密码'})
  .type(InputType.Password)
  .maxLength(10)
  .margin({bottom: 20})
  .onChange((value: string) => {
    this.password = value
  })
Row(){
  Text('短信验证登录')
    .fontColor("#007dff")
  Text('忘记密码')
    .fontColor("#007dff")
}.justifyContent(FlexAlign.SpaceBetween).width("100%")
Button('登录')
  .width('100%')
  .margin({top: 70})
  .onClick(() => {
    if(this.userName.trim() == '') {
      promptAction.showToast({
        message: '账号不能为空!',
        duration: 2000
      })
      return
    }
    if(this.password.trim() == '') {
      promptAction.showToast({
        message: '密码不能为空!',
        duration: 2000
      })
      return
    }
    this.loadingWidth = 60
    setTimeout(() => {
      if(this.userName.trim() === 'admin' && this.password.trim() ===
      '123456'){
        router.replaceUrl({
          url: "pages/Index"
        })
      }else {
        promptAction.showToast({
          message: '账号或密码错误',
          duration: 2000
```

```
            })
          }
          this.loadingWidth = 0
        },2000)
      })
    Text(' 注册账号 ')
      .fontColor('#258ffe')
      .margin(15)
    LoadingProgress()
      .color('#007dfe')
      .height(this.loadingWidth)
      .width(this.loadingWidth)
    Text(' 其他方式登录 ')
      .fontColor('#a0a0a0')
      .fontWeight(FontWeight.Bold)
      .fontSize(13)
      .margin({top: 10})
    Row(){
      Button(' 方式一 ', {type: ButtonType.Circle})
        .height(65)
        .backgroundColor('#efefef')
        .fontColor('#000000')
        .border({
          width: 1
        })
      Button(' 方式二 ', {type: ButtonType.Circle})
        .height(65)
        .backgroundColor('#efefef')
        .fontColor('#000000')
        .border({
          width: 1
        })
      Button(' 方式三 ', {type: ButtonType.Circle})
        .height(65)
        .backgroundColor('#efefef')
        .fontColor('#000000')
        .border({
          width: 1
        })
    }.justifyContent(FlexAlign.SpaceAround)
      .width('100%')
      .margin({top: 15})
    }.width("90%").margin({top: 30})
  }
  .width('100%')
}
.height('100%')
.backgroundColor('#efefef')
```

```
    }
  }
```

执行上述代码，访问应用资源的运行效果如图 4.4 所示。

**图 4.4  访问应用资源的运行效果**

图 4.4 中的头像和文字是根据访问资源内容进行渲染的。通过分析代码可以看到，许多地方使用了资源访问符 $r() 来获取应用资源，如头像的图片、文字的内容、颜色和字体大小等。这种方式使得应用程序的界面设计更加灵活，因为资源的管理和修改可以集中在资源文件中，而无须直接修改代码。

例如，对于头像的图片，使用了 Image($r('app.media.logo'))，这里的 app.media.logo 指的是应用资源中的媒体资源类型，并且文件名为 logo。同样地，文字的内容使用了 Text($r('app.string.Logo_name'))，颜色和字体大小也分别使用了 $r('app.color.Logo_color') 和 $r('app.float.Logo_float')。

通过这种方式，可以在不修改代码的情况下通过修改资源文件来改变应用的外观和内容，这对于应用的维护和更新都是非常有利的。

**2. 访问系统资源**

系统资源包括颜色、圆角、字体、间距、字符串和图片等，它们允许不同的开发者创建出具有相同视觉风格的应用。开发者可以通过使用 $r('sys.type.name') 格式来引用这些系统资源。与访问应用资源不同，这里使用 sys 代表系统资源，其余的访问规则与应用资源相同。访问系统资源的代码案例如下（案例文件：第 4 章 /ExSys.ets）：

```
@Entry
@Component
struct ResourceTest {
  build() {
    Column() {
      Text('HarmonyOS')
        .fontColor($r('sys.color.ohos_id_color_tooltip_foreground_dark'))
        .fontSize($r('sys.float.ohos_id_text_size_headline5'))
```

```
      .fontFamily($r('sys.string.ohos_id_text_font_family_medium'))
      .margin({
        top: $r('sys.float.ohos_id_text_size_button3'),
        bottom: $r('sys.float.ohos_id_elements_margin_horizontal_l')
      })
    Text('ArkUI')
      .fontColor($r('sys.color.ohos_id_color_tooltip_foreground_dark'))
      .fontSize($r('sys.float.ohos_id_text_size_headline1'))
      .fontFamily($r('sys.string.ohos_id_text_font_family_medium'))
      .margin({
        top: $r('sys.float.ohos_id_text_size_button3'),
        bottom: $r('sys.float.ohos_id_elements_margin_horizontal_l')
      })
    Text('ArkTS')
      .fontColor($r('sys.color.ohos_id_color_tooltip_foreground_dark'))
      .fontSize($r('sys.float.ohos_id_text_size_headline1'))
      .fontFamily($r('sys.string.ohos_id_text_font_family_medium'))
      .margin({
        top: $r('sys.float.ohos_id_text_size_button3'),
        bottom: $r('sys.float.ohos_id_elements_margin_horizontal_l')
      })
    Image($r('sys.media.ohos_app_icon'))
      .border({
        color: $r('sys.color.ohos_id_color_palette_aux1'),
        radius: $r('sys.float.ohos_id_corner_radius_button'),
        width: 2
      })
      .margin({
        top: $r('sys.float.ohos_id_elements_margin_horizontal_m'),
        bottom: $r('sys.float.ohos_id_elements_margin_horizontal_l')
      })
      .height(200)
      .width(300)
  }
  .padding(10)
  .width("100%")
  .height("100%")
  }
}
```

执行上述代码，访问系统资源的运行效果如图 4.5 所示。

图 4.5　访问系统资源的运行效果

由图 4.5 可知，直接使用系统资源构建页面，包括颜色、字体大小、字体样式、间距和图片等。与访问应用资源类似，使用了资源访问符 $r()，但这次是以 sys 为前缀来代表系统资源。

在文本元素中，通过引用系统资源来设置字体颜色、大小和样式。例如，fontColor($r('sys.color.ohos_id_color_tooltip_foreground_dark')) 用于设置文本的颜色，fontSize($r('sys.float.ohos_id_text_size_headline1')) 用于设置文本的大小，fontFamily($r('sys.string.ohos_id_text_font_family_medium')) 用于设置文本的字体样式。

此外，还可以通过系统资源来设置元素的间距和边框样式。例如，margin 属性可以通过引用系统资源来设置不同方向的间距，border 属性可以通过引用系统资源来设置边框的颜色、圆角和宽度。

综上所述，在 HarmonyOS 应用开发中，资源可分为应用资源和系统资源两类。通过资源访问符 $r()，可以轻松地访问应用资源和系统资源，使得应用的界面设计更加灵活、统一，同时也提高了代码的可维护性和可扩展性。应用资源可以通过修改资源文件来改变应用的外观和内容，而系统资源则可以确保不同的应用具有相似的视觉风格。

### 4.2.3　像素单位

ArkUI 框架为开发者提供了四种像素单位：px、vp、fp 和 lpx。四种像素单位说明见表 4.2。

表 4.2　四种像素单位说明

| 名　称 | 描　　述 |
|---|---|
| px | 屏幕物理像素单位 |
| vp | 屏幕密度相关像素单位，根据屏幕像素密度转换为屏幕物理像素 |
| fp | 字体像素，与 vp 类似，适用于屏幕密度变化，随系统字体大小设置变化 |
| lpx | 视窗逻辑像素单位，为实际屏幕宽度与逻辑宽度（在 config.json 中配置的 designWidth）的比值，如配置 designWidth 为 720 时，实际在宽度为 1440 物理像素的屏幕上，1px 为 2px |

ArkUI 开发框架还提供了全局方法，以实现这些不同尺寸单位之间的相互转换。具体的全局方法如下：

```
declare function vp2px(value: number): number;
declare function px2vp(value: number): number;
declare function fp2px(value: number): number;
declare function px2fp(value: number): number;
```

```
declare function lpx2px(value: number): number;
declare function px2lpx(value: number): number;
```

上述代码实现了这些不同尺寸单位之间的相互转换，具体的功能解释如下。

- vp2px：将以 vp 为单位的数值转换为以 px 为单位的数值。
- px2vp：将以 px 为单位的数值转换为以 vp 为单位的数值。
- fp2px：将以 fp 为单位的数值转换为以 px 为单位的数值。
- px2fp：将以 px 为单位的数值转换为以 fp 为单位的数值。
- lpx2px：将以 lpx 为单位的数值转换为以 px 为单位的数值。
- px2lpx：将以 px 为单位的数值转换为以 lpx 为单位的数值。

关于这些像素单位的具体大小，代码案例如下（案例文件：第 4 章 /ExPixel.ets）：

```
@Entry
@Component
struct Example {
  build() {
    Column() {
      Flex({wrap: FlexWrap.Wrap}) {
        Column() {
          Text("width(220)")
            .width(220)
            .height(40)
            .backgroundColor(0xF9CF93)
            .textAlign(TextAlign.Center)
            .fontColor(Color.White)
            .fontSize('12vp')
        }.margin(5)
        Column() {
          Text("width('220px')")
            .width('220px')
            .height(40)
            .backgroundColor(0xF9CF93)
            .textAlign(TextAlign.Center)
            .fontColor(Color.White)
        }.margin(5)
        Column() {
          Text("width('220vp')")
            .width('220vp')
            .height(40)
            .backgroundColor(0xF9CF93)
            .textAlign(TextAlign.Center)
            .fontColor(Color.White)
            .fontSize('12vp')
        }.margin(5)
        Column() {
          Text("width('220lpx') designWidth:720")
            .width('220lpx')
            .height(40)
            .backgroundColor(0xF9CF93)
            .textAlign(TextAlign.Center)
```

```
      .fontColor(Color.White)
      .fontSize('12vp')
  }.margin(5)
  Column() {
    Text("width(vp2px(220) + 'px')")
      .width(vp2px(220) + 'px')
      .height(40)
      .backgroundColor(0xF9CF93)
      .textAlign(TextAlign.Center)
      .fontColor(Color.White)
      .fontSize('12vp')
  }.margin(5)
  Column() {
    Text("fontSize('12fp')")
      .width(220)
      .height(40)
      .backgroundColor(0xF9CF93)
      .textAlign(TextAlign.Center)
      .fontColor(Color.White)
      .fontSize('12fp')
  }.margin(5)
  Column() {
    Text("width(px2vp(220))")
      .width(px2vp(220))
      .height(40)
      .backgroundColor(0xF9CF93)
      .textAlign(TextAlign.Center)
      .fontColor(Color.White)
      .fontSize('12fp')
  }.margin(5)
}.width('100%')
    }
  }
}
```

执行上述代码，运行效果如图 4.6 所示。

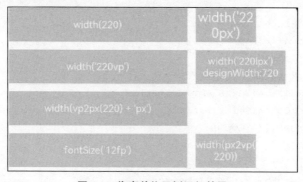

**图 4.6　像素单位示例运行效果**

在上述代码中，可以看到不同单位的应用方式，包括直接使用像素值、使用字符串表示的像素值、使用 vp、fp 和 lpx 单位，以及通过全局方法进行不同单位之间的转换。

通过这些像素单位，开发者可以更加灵活地设置元素的尺寸、字体大小等属性，而不受具体设备的屏幕像素密度等因素的影响。同时，提供的全局方法也方便了开发者在不同单位之间进行转换，使得布局和样式的设置更加便捷和一致。

总的来说，ArkUI 开发框架提供的像素单位功能丰富，使用简便，为开发者提供了更多的选择和便利，有助于构建出更加灵活、适配性更好的界面布局。

## 4.3 多语言配置

在 ArkUI 开发中，实现国际化是确保应用能够支持不同语言和文化背景的关键步骤之一。随着越来越多的应用选择进军海外市场，支持多种国家的语言变得尤为重要。这意味着应用的资源文件需要适应不同语言环境的显示。

当应用的目标用户和市场具有多种语言、时区、区域等显著差异时，开发者需要提供应用的多个本地化版本，以确保不同地区用户的良好体验。

### 4.3.1 应用的国际化能力

应用的国际化能力决定了本地化过程的难易程度。系统提供了一系列国际化接口，开发者可以基于这些接口设计和实现具有良好国际化能力的应用，从而能够高效、低成本地实现应用的本地化。

国际化配置案例文件 index.ets 的代码如下：

```
Text($r('app.string.Logo_name'))
  .fontSize(30)
  .fontColor($r('app.color.Logo_color'))
  .fontSize($r('app.float.Logo_float'))
  .margin(15)
```

由上述代码可知，文本数据的来源为 app.string.Logo_name。

app.string.Logo_name 文件数据配置如下：

```
{
  "string": [
    {
      "name": "Logo_name",
      "value": "登录页面"
    },
    {
      "name": "module_desc",
      "value": "module description"
    },
    {
      "name": "EntryAbility_desc",
      "value": "description"
    },
    {
      "name": "EntryAbility_label",
      "value": "label"
```

```
        }
    ]
}
```

由上述代码可知，name 为 Logo_name，value 为"登录页面"，向 index.ets 传递了 value 的数据，但是在传递之前还需要进行国际化配置。国际化配置的过程如下。

zh_CN 文件下的 string.json 代码如下：

```
{
  "string": [
    {
      "name": "module_desc",
      "value": "模块描述"
    },
    {
      "name": "EntryAbility_desc",
      "value": "description"
    },
    {
      "name": "EntryAbility_label",
      "value": "label"
    },
    {
      "name": "Logo_name",
      "value": "登录页面"
    }
  ]
}
```

由上述代码可知，配置国际化的中文，name 为 Logo_name，value 为"登录页面"。当本机系统语言为中文时，就会向 index.ets 页面传递此处的中文数据。

en_US 文件下的 string.json 代码如下：

```
{
  "string": [
    {
      "name": "module_desc",
      "value": "module description"
    },
    {
      "name": "EntryAbility_desc",
      "value": "description"
    },
    {
      "name": "EntryAbility_label",
      "value": "label"
    },
    {
      "name": "Logo_name",
      "value": "Loginpage"
```

```
        }
    ]
}
```

由上述代码可知，配置国际化的英文，name 为 Logo_name，value 为 Loginpage。当本机系统语言为英文时，就会向 index.ets 页面传递此处的英文数据。

综上所述，在 ArkUI 开发中，实现国际化是确保应用能够适应不同语言和文化背景的重要步骤。随着应用进军海外市场的趋势增加，国际化变得尤为关键。开发者需要为不同地区的用户提供本地化版本，以确保良好的用户体验。应用的国际化能力直接影响了本地化过程的难度和成本，而系统提供的国际化接口为开发者提供了实现良好国际化能力的便利途径。通过配置多语言环境下的资源文件，如中文和英文的 string.json 文件，开发者可以实现应用的国际化。这样的配置使得应用能够根据用户的本地系统语言环境动态加载相应的资源文件，从而呈现出与用户语言相匹配的界面内容，提升了用户体验和应用的可用性。

### 4.3.2　Intl 开发指导

Intl 模块为开发者提供了丰富的国际化能力，包括时间日期格式化、数字格式化、排序等。正确导入和使用 Intl 模块是确保应用国际化正常的关键。

#### 1. 导入 Intl 模块

在开始之前，首先要确保正确导入 Intl 模块。未正确导入可能会导致不明确的接口行为。下面是一个导入 Intl 模块的代码示例：

```
import Intl from '@ohos.intl';
```

#### 2. 实例化 Locale 对象

完成 Intl 模块的导入后，需要实例化 Locale 对象。可以通过使用 Locale 的构造函数来完成。构造函数接收一个表示 Locale 的字符串以及可选的属性列表。实例化 Locale 对象的代码如下：

```
let locale = "zh-CN";
let options = {caseFirst: "false", calendar: "chinese", collation: "pinyin"};
let localeObj = new Intl.Locale(locale, options);
```

#### 3. 获取 Locale 的字符串表示

一旦实例化了 Locale 对象，就可以调用其 toString() 方法来获取 Locale 对象的字符串表示。这个字符串包括了语言、区域及其他选项信息。获取 Locale 对象的字符串的代码如下：

```
let localeStr = localeObj.toString(); //localeStr = zh-CN-u-ca-chinese-co-
                                        pinyin-kf-false
```

由上述代码可知，表示 Locale 的字符串参数可以分为语言、脚本、地区、扩展参数四部分。各个部分按照顺序使用 "–" 进行连接。Locale 字符串扩展参数 ID 及说明见表 4.3。

表 4.3　Locale 字符串扩展参数 ID 及说明

| 扩展参数 ID | 扩展参数说明 |
| --- | --- |
| ca | 表示日历系统 |
| co | 表示排序规则 |
| hc | 表示守时惯例 |

| 扩展参数 ID | 扩展参数说明 |
|---|---|
| nu | 表示数字系统 |
| kn | 表示进行字符串排序、比较时是否考虑数字的实际值 |
| kf | 表示进行字符串排序、比较时是否考虑大小写 |

表 4.3 详细地描述了 Locale 字符串扩展参数，Locale 的字符串参数具体说明如下。

（1）语言，必选项。使用 2 个或 3 个小写英文字母表示（可参考 ISO 639 标准）。例如，英文使用 en 表示，中文使用 zh 表示。

（2）脚本，可选项。使用 4 个英文字母表示，其中首字母需要大写，后面 3 个字母为小写（可参考 ISO 15924 标准）。例如，中文繁体使用脚本 Hant 表示，中文简体使用脚本 Hans 表示。

（3）国家或地区，可选项。使用 2 个大写字母表示（可参考 ISO 3166 标准）。例如，中国使用 CN 表示，美国使用 US 表示。

（4）扩展参数，可选项。由 key 和 value 两部分组成，目前支持的扩展参数可参考 BCP 47。各个扩展参数之间没有严格的顺序，使用 –key–value 的格式书写。扩展参数整体使用 –u 连接到语言、脚本、国家或地区后面。例如，zh–u–nu–latn–ca–chinese 表示使用拉丁数字系统( latn )和中国日历系统( chinese )。扩展参数也可以通过第 2 个参数传入。

**4. 最大化和最小化区域信息**

在开发过程中，经常需要最大化或最小化区域信息。其中，最大化区域信息意味着当缺少脚本与国家或地区信息时，会对其进行补全；而最小化区域信息则是删除已存在的脚本与国家或地区信息。下面是实现这两个操作的代码示例：

```
let maximizedLocale = localeObj.maximize();
letmaximizedLocaleStr=maximizedLocale.toString();//localeStr= "zh-Hans-CN-u-ca-
                                        chinese-co-pinyin-kf-false"
let minimizedLocale = localeObj.minimize();
let minimizedLocaleStr = minimizedLocale.toString(); //zh-u-ca-chinese-co-
                                        pinyin-kf-false
```

综上所述，本小节介绍了如何使用 Intl 模块进行国际化开发。首先，确保正确导入 Intl 模块，并实例化 Locale 对象，该对象表示特定语言、国家或地区及其他选项。然后，学习如何获取 Locale 的字符串表示，包括语言、脚本、国家或地区和扩展参数。最后，学习如何最大化和最小化区域信息，以满足应用程序的需求。

### 4.3.3　I18n 开发指导

I18n 模块提供了其他非 ECMA 402 定义的国际化接口，与 Intl 模块共同使用可提供完整的国际化支持能力，开发步骤如下。

**1. 导入 I18n 模块**

首先，需要确保正确导入 I18n 模块，以便使用其中的各种功能。导入模块的代码如下：

```
import I18n from '@ohos.i18n';
```

**2. 判断 Locale 的语言书写方向**

有些语言（如阿拉伯语）是从右到左书写的，对于这些语言可能需要进行特殊的布局和处理。通

ArkTS 鸿蒙应用开发入门到实战

过调用 isRTL 接口，可以轻松地判断某种语言是否属于从右到左书写的语言。实现代码如下：

```
try {
    let rtl = I18n.isRTL("ar"); //rtl = true
} catch(error) {
    console.error(`调用 i18n.System 接口失败，错误代码：${error.code}，错误消息：
    ${error.message}`);
}
```

### 3. 获取本地化表示

在开发过程中，经常需要将某种语言和国家的名称进行本地化显示。I18n 模块提供了 getDisplayLanguage 和 getDisplayCountry 接口来满足这个需求。实现代码如下：

```
try {
    let localizedLanguage = I18n.System.getDisplayLanguage("en", "zh-CN", false);
    //localizedLanguage = " 英语 "
    let localizedCountry = I18n.System.getDisplayCountry("US", "zh-CN", false);
    //localizedCountry = " 美国 "
} catch(error) {
    console.error(`调用 i18n.System 接口失败，错误代码：${error.code}，错误消息：
    ${error.message}`);
}
```

### 4. 获取系统支持列表

了解系统支持的语言和国家列表对于国际化应用的开发至关重要。通过调用 getSystemLanguages 和 getSystemCountries 接口，可以轻松地获取系统支持的语言列表和某种语言系统支持的国家列表。实现代码如下：

```
try {
    let languageList = I18n.System.getSystemLanguages();
    //languageList = ["en-Latn-US", "zh-Hans"]
    let countryList = I18n.System.getSystemCountries("zh");
    //countryList = ["ZW", "YT", ..., "CN", "DE"], 共 240 个国家和地区
} catch(error) {
    console.error(`调用 i18n.System 接口失败，错误代码：${error.code}，错误消息：
    ${error.message}`);
}
```

### 5. 判断语言和国家是否匹配

最后可以使用 isSuggested 接口来判断某个语言和国家是否匹配，这对于一些特殊场景的处理很有帮助。实现代码如下：

```
try {
    let isSuggest = I18n.System.isSuggested("zh", "CN"); //isSuggest = true
} catch(error) {
    console.error(`调用 i18n.System 接口失败，错误代码：${error.code}，错误消息：
    ${error.message}`);
}
```

综上所述，本小节介绍了如何在应用程序中使用 I18n 模块进行国际化开发。首先确保正确导入 I18n 模块，学习如何判断语言的书写方向、获取本地化表示的语言和国家名称，以及获取系统支持的

语言和国家列表。最后学习了如何判断语言和国家是否匹配，以便在特殊场景下进行处理。这些步骤为应用程序提供了丰富的国际化功能，与 Intl 模块共同使用可以实现完整的国际化支持。

4.4 本 章 小 结

本章介绍了 ArkUI 框架的入门知识，主要围绕 Stage 模型、资源管理、像素单位和多语言配置展开。在 Stage 模型中，介绍了 UIAbility 和 ExtensionAbility 组件，以及它们在应用开发中的作用和关系。在资源管理方面，介绍了应用资源和系统资源的分类和访问方法。在像素单位部分，介绍了 ArkUI 框架提供的四种像素单位及其相互转换的方法。最后，讨论了多语言配置在应用开发中的重要性，并提供了国际化配置的案例。通过本章的学习，读者可以初步了解 ArkUI 框架的基本概念和使用方法，为后续的应用开发奠定基础。

# 进 阶 篇

# 第 5 章　布局容器

本章将带领读者学习 HarmonyOS 应用开发中的重要组成部分——布局容器。通过这些布局容器，开发者可以灵活地设计出高效、美观的用户界面，以满足不同的应用需求。

# 5.1　布　局　结　构

在 HarmonyOS 应用开发中，开发者可以根据布局要求，依次排列组件，形成应用的页面。在这种声明式 UI 框架下，页面由一系列自定义组件构成，开发者可根据需求选择适合的布局进行页面开发。

## 5.1.1　布局元素的组成

布局负责管理用户页面中 UI 组件的大小和位置，可通过特定组件或属性实现。在开发过程中，需要遵循以下流程来确保整体布局效果。

（1）确定页面的布局结构。

（2）分析页面元素的组成。

（3）使用适当的布局容器组件或属性来控制页面中各元素的位置和大小。

布局结构呈现分层级，反映了用户界面的整体架构。常见的页面结构如图 5.1 所示。

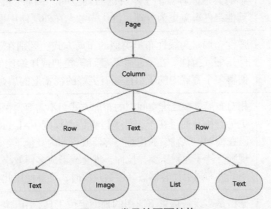

图 5.1　常见的页面结构

由图 5.1 可知，这种结构有助于组织页面内容，并为用户提供清晰的导航和浏览体验。要实现上述效果，开发者需要在页面中声明相应的元素。其中，Page 表示页面的根节点，而 Column 和 Row 等元素则是系统组件。针对不同的页面结构，ArkUI 提供了各种布局组件来帮助开发者实现所需的布局效果。例如，Row 组件可用于实现水平线性布局，而 Column 组件则可用于实现垂直线性布局。通过选择适当的布局组件，开发者可以灵活地构建页面的结构，以满足不同的设计需求和用户体验要求[17]。

想要深度掌握页面结构，开发者必须掌握布局元素的组成、布局组件的选择、所处位置、对子元素的约束等知识点。与布局相关的容器组件可以实现相应的布局效果，如 List 组件可以构建线性布局。组件的布局如图 5.2 所示。

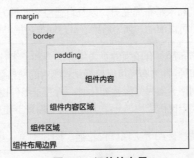

图 5.2　组件的布局

由图 5.2 可知，组件的布局包含几个重要的区域。首先是组件区域，它代表了组件的整体大小，可以通过设置 width 和 height 属性来确定。其次是组件内容区域，这是组件区域减去边框大小后的区域，用于限制组件内部内容（或子组件）的布局。然后是组件内容，它是指组件内部实际占据的空间大小，其可能与组件内容区域不完全匹配，特别是当组件内部包含文本等动态内容时。最后是组件布局边界，当设置了外边距（margin）属性时，组件布局边界包括组件区域和外边距的总大小，影响着组件在页面中的定位和相对位置。

### 5.1.2　选择布局

ArkUI 声明式 UI 提供了九种常见布局，见表 5.1，开发者可根据实际应用场景选择合适的布局进行页面的设计与开发。

表 5.1　九种常见布局

| 布　　局 | 应 用 场 景 |
|---|---|
| 线性布局（Row、Column） | 当布局内子元素超过 1 个，且能够以某种方式线性排列时，优先考虑此布局 |
| 层叠布局（Stack） | 当组件需要堆叠效果时，优先考虑此布局，层叠布局的堆叠效果不会占用或影响其他同容器内子组件的布局空间。例如，Panel 作为子组件弹出时，将其他组件覆盖更为合理，则优先考虑在外层使用堆叠布局 |
| 弹性布局（Flex） | 弹性布局是与线性布局类似的布局方式。区别在于弹性布局默认能够使子组件压缩或拉伸。在子组件需要计算拉伸或压缩比例时，优先使用此布局，可使得多个容器内的子组件能有更好的视觉上的填充容器效果 |
| 相对布局（RelativeContainer） | 相对布局是在二维空间中的布局方式，不需要遵循线性布局的规则，布局方式更为自由。通过在子组件上设置锚点规则（AlignRules），使子组件能够将自己在横轴、纵轴中的位置与容器或容器内其他子组件的位置对齐。设置的锚点规则支持子元素压缩、拉伸、堆叠或形成多行效果。在页面元素分布复杂或使用线性布局会使容器嵌套层数过深时，推荐使用此布局 |
| 栅格布局（GridRow、GridCol） | 栅格是多设备场景下通用的辅助定位工具，用于将空间分割为有规律的栅格。栅格不同于网格布局固定的空间划分，它可以实现不同设备下不同的布局，空间划分更随心所欲，从而显著降低适配不同屏幕尺寸的设计及开发成本，使得整体设计和开发流程更有秩序和节奏感，同时也保证多设备上应用显示的协调性和一致性，提升用户体验。手机、大屏、平板等不同设备的内容相同但布局不同时，推荐使用此布局 |
| 媒体查询（@ohos.mediaquery） | 媒体查询可根据不同设备类型或同设备不同状态修改应用的样式。例如，根据设备和应用的不同属性信息设计不同的布局，以及屏幕发生动态变化时更新应用的页面布局 |
| 列表（List） | 使用列表可以轻松高效地显示结构化、可滚动的信息。在 ArkUI 中，列表具有垂直和水平布局能力，以及自适应交叉轴方向上排列个数的布局能力，超出屏幕时可以滚动。列表适用于呈现同类数据类型或数据类型集，如图片和文本 |
| 网格（Grid） | 网格布局具有较强的页面均分能力和子组件占比控制能力，是一种重要的自适应布局。网格布局可以控制元素所占的网格数量、设置子组件横跨几行或者几列，当网格容器尺寸发生变化时，所有子组件以及间距等比例调整。推荐在需要按照固定比例或均匀分配空间的布局场景下使用，如计算器、相册、日历等 |
| 轮播（Swiper） | 轮播组件用于实现广告轮播、图片预览、可滚动应用等 |

### 5.1.3　布局位置

position、offset等属性影响了布局容器相对于自身或其他组件的位置。布局位置的定位能力见表5.2。

表5.2　布局位置的定位能力

| 定位能力 | 使用场景 | 实现方式 |
|---|---|---|
| absolute（绝对定位） | 对于不同尺寸的设备，使用绝对定位的适应性会比较差，在屏幕的适配上有所缺陷 | 使用position属性可以实现绝对定位，设置元素左上角相对于父容器左上角的偏移位置。在布局容器中，设置该属性不影响父容器布局，仅在绘制时进行位置调整 |
| relative（相对定位） | 相对定位不脱离文档流，即原位置依然保留，不影响元素本身的特性，仅相对于原位置进行偏移 | 使用offset属性可以实现相对定位，设置元素相对于自身的偏移量。设置该属性不影响父容器布局，仅在绘制时进行位置调整 |

总的来说，position属性定义了元素的定位方式，常见取值包括absolute（绝对定位）、relative（相对定位）等。offset属性则用于指定元素相对于其父容器或参考元素的偏移量，包括top、bottom、left和right[18]。

通过这些属性的组合使用，开发者可以精确控制布局容器的位置，实现各种复杂的布局效果。

### 5.1.4　布局对子元素的约束

position、offset等属性不仅影响布局容器本身的位置，还会对其子元素的布局产生影响和约束。布局对子元素的约束能力具体说明见表5.3。

表5.3　布局对子元素的约束能力

| 子元素的约束能力 | 使用场景 | 实现方式 |
|---|---|---|
| 拉伸 | 当容器组件尺寸发生变化时，增加或减小的空间全部分配给容器组件内的指定区域 | 使用flexGrow属性基于父容器的剩余空间分配来控制组件拉伸，使用flexShrink属性设置父容器的压缩尺寸来控制组件压缩 |
| 缩放 | 缩放能力是指子组件的宽高按照预设的比例，随容器组件发生变化，且变化过程中子组件的宽高比不变 | 使用aspectRatio属性指定当前组件的宽高比来控制缩放，公式为aspectRatio=width/height |
| 占比 | 占比能力是指子组件的宽高按照预设的比例随父容器组件发生变化 | 基于通用属性的两种实现方式如下：<br>1. 将子组件的宽高设置为父组件宽高的百分比<br>2. 使用layoutWeight属性，使子元素自适应占满剩余空间 |
| 隐藏 | 隐藏能力是指容器组件内的子组件按照预设显示优先级，随容器组件尺寸变化显示或隐藏。其中，相同显示优先级的子组件同时显示或隐藏 | 通过displayPriority属性控制页面的显示和隐藏 |

综上所述，本节主要介绍了布局结构的重要性以及在声明式UI中如何进行页面布局。首先学习了布局元素的组成，包括组件区域、组件内容区域、组件内容以及组件布局边界等，接着详细介绍了如何选择布局，包括常见的九种布局以及它们的应用场景。

此外，本节还介绍了布局位置的定位能力以及对子元素的约束能力，通过 position、offset 等属性的组合使用，开发者可以精确控制布局容器的位置和子元素的布局。最后对子元素的约束能力进行了总结，包括拉伸、缩放、占比和隐藏等。通过本节的内容，读者可以全面了解布局结构在页面开发中的重要性，以及如何进行有效的布局设计。

## 5.2　六种基础布局

在用户界面设计中，布局的选择和运用对于构建直观、易用的应用程序至关重要。布局不仅决定了界面元素的排列方式，还影响着整体的用户体验。在 HarmonyOS 应用开发过程中，系统提供了六种基础布局，这些布局构成了界面设计的核心。每种布局都有其特点和应用场景，开发者可以根据实际需求灵活运用它们，以实现复杂的界面设计 [19]。在本节中，将详细介绍这六种基础布局，并探讨它们的使用方法和最佳实践，以帮助开发者更好地理解和应用这些布局，打造出高效美观的应用界面。

### 5.2.1　线性布局

线性布局是开发中应用最广泛的布局之一，它由线性容器 Row 和 Column 组成。线性布局为其他布局提供了基础，其子元素会在水平或垂直方向上依次排列。排列方向取决于所选的容器组件，若选择 Row 容器，则子元素水平排列；若选择 Column 容器，则子元素垂直排列。开发者可以根据需求选择使用 Row 或 Column 容器来创建线性布局，从而灵活地控制布局的方向。Row 容器与 Column 容器内子元素排列示意如图 5.3 所示。

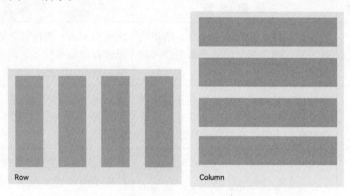

**图 5.3　Row 容器与 Column 容器内子元素排列示意**

如果想实现图 5.3 的 UI 效果，必须掌握以下基本概念。

（1）布局容器具有布局能力，能够容纳其他元素作为其子元素。它负责计算子元素的尺寸并进行布局排列。

（2）布局子元素是指放置在布局容器内部的元素。

（3）主轴是指线性布局容器在布局方向上的轴线，子元素默认沿着主轴排列。对于 Row 容器，主轴是水平方向；而对于 Column 容器，主轴则是垂直方向。

（4）交叉轴是指垂直于主轴方向的轴线。对于 Row 容器，交叉轴是垂直方向；而对于 Column 容器，交叉轴则是水平方向。

（5）间距是指布局子元素之间的间隔。

下面介绍布局子元素在排列方向上的间距、在交叉轴上的对齐方式和在主轴上的排列方式。

**1. 布局子元素在排列方向上的间距**

在布局容器内，可以通过 space 属性来设置排列方向上子元素的间距，以实现各子元素在排列方向上保持等间距的效果。

（1）Column 容器内排列方向上的间距案例代码如下：

```
Column({space: 20}) {
  Text('space: 20').fontSize(15).fontColor(Color.Gray).width('90%')
  Row().width('90%').height(50).backgroundColor(0xF5DEB3)
  Row().width('90%').height(50).backgroundColor(0xD2B48C)
  Row().width('90%').height(50).backgroundColor(0xF5DEB3)
}.width('100%')
```

执行上述代码，运行效果如图 5.4 所示。

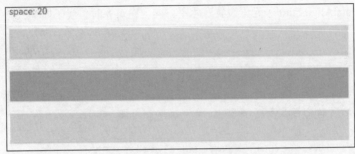

图 5.4　Column 容器内排列方向上的间距页面效果

由图 5.4 可知，通过设置 Column 容器的 space 属性，可实现在排列方向上子元素的等间距效果，使每个子元素在垂直方向上以 20px 的间距排列。在这个案例中，Text 元素以字体大小 15px 和灰色字体颜色显示，并占据了容器的 90% 宽度。接着是具有相同高度和背景颜色的 3 个 Row 元素，它们都被包含在 Column 容器中，根据所设置的间距，在垂直方向上等间距地排列。

（2）Row 容器内排列方向上的间距案例代码如下：

```
Row({space: 35}) {
  Text('space: 35').fontSize(15).fontColor(Color.Gray)
  Row().width('10%').height(150).backgroundColor(0xF5DEB3)
  Row().width('10%').height(150).backgroundColor(0xD2B48C)
  Row().width('10%').height(150).backgroundColor(0xF5DEB3)
}.width('90%')
```

执行上述代码，运行效果如图 5.5 所示。

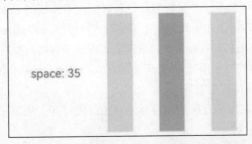

图 5.5　Row 容器内排列方向上的间距页面效果

由图 5.5 可知，通过设置 Row 容器的 space 属性，可实现在排列方向上子元素的等间距效果，使每个子元素都在水平方向上以 35px 的间距排列。在这个案例中，Text 元素以字体大小 15px 和灰色字体颜色显示。接着是 3 个 Row 元素，每个 Row 元素都具有相同的宽度和高度，以及不同的背景颜色。这 3 个 Row 元素被包含在一个水平方向的 Row 容器中，根据所设置的间距，在水平方向上等间距地排列。

这种设置使得布局更加均匀和整洁，同时提供了可定制的间距参数，使得开发者可以根据需要调整子元素在排列方向上的间距，从而更好地适应不同的设计需求。

**2. 布局子元素在交叉轴上的对齐方式**

在布局容器内，可以通过 alignItems 属性来设置子元素在交叉轴（即排列方向的垂直方向）上的对齐方式，并确保在各种尺寸的屏幕上表现一致。当交叉轴为垂直方向时，可以使用 VerticalAlign 类型来设置对齐方式；当交叉轴为水平方向时，可以使用 HorizontalAlign 类型来设置对齐方式。

此外，alignSelf 属性用于控制单个子元素在容器的交叉轴上的对齐方式。它的优先级高于 alignItems 属性，如果在单个子元素上设置了 alignSelf 属性，则会覆盖容器的 alignItems 设置。

（1）Column 容器内子元素在水平方向上的排列案例如下。

1）使用 HorizontalAlign.Start 子元素设置在水平方向上左对齐时，代码如下：

```
Column({}) {
  Column() {
  }.width('80%').height(50).backgroundColor(0xF5DEB3)
  Column() {
  }.width('80%').height(50).backgroundColor(0xD2B48C)
  Column() {
  }.width('80%').height(50).backgroundColor(0xF5DEB3)
}.width('100%').alignItems(HorizontalAlign.Start).backgroundColor
('rgb(242,242,242)')
```

执行上述代码，运行效果如图 5.6 所示。

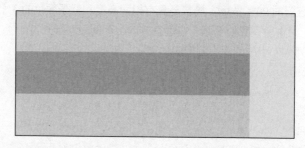

图 5.6  Column 容器内 HorizontalAlign.Start 子元素在水平方向上左对齐效果

由图 5.6 可知，外部的 Column 容器包含 3 个垂直排列的子 Column 容器。每个子容器都具有相同的属性：宽度为 80%，高度为 50px，并且背景颜色各异。由于外部的 Column 容器没有明确指定垂直对齐方式，默认情况下，子容器会在垂直方向上居中对齐。通过设置 alignItems(HorizontalAlign.Start)，外部 Column 容器的垂直对齐方式将被修改为顶部对齐，即将子容器的垂直位置调整到容器的顶部。需要注意的是，尽管垂直对齐方式变为顶部对齐，子容器在水平方向上仍然会根据容器的起始位置（左侧）对齐，而在垂直方向上仍然保持居中对齐。

这种布局方式使子元素在水平方向上以容器的开始位置对齐，从而呈现出从左到右的排列效果，而在垂直方向上仍然保持居中对齐。

2）使用 HorizontalAlign.Center 子元素设置在水平方向上居中对齐时，代码如下：

```
Column({}) {
  Column() {
```

```
}.width('80%').height(50).backgroundColor(0xF5DEB3)
Column() {
}.width('80%').height(50).backgroundColor(0xD2B48C)
Column() {
}.width('80%').height(50).backgroundColor(0xF5DEB3)
}.width('100%').alignItems(HorizontalAlign.Center).backgroundColor
('rgb(242,242,242)')
```

执行上述代码，运行效果如图 5.7 所示。

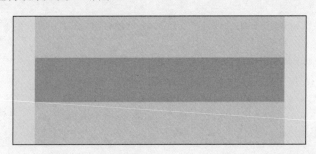

图 5.7　Column 容器内 HorizontalAlign.Center 子元素在水平方向上居中对齐效果

由图 5.7 可知，通过设置 alignItems(HorizontalAlign.Center)，将子元素在水平方向上的对齐方式设置为居中。这意味着子元素会在容器的水平中心线上对齐。因此，内部的 Column 容器在水平方向上会在容器的中心对齐，而在垂直方向上仍然保持默认的垂直对齐方式（默认情况下是居中对齐）。

这种布局方式使子元素在水平方向上居中对齐，从而呈现出在页面中水平居中的效果，而在垂直方向上仍然保持默认的居中对齐。

3）使用 HorizontalAlign.End 子元素设置在水平方向上右对齐时，代码如下：

```
Column({}) {
  Column() {
  }.width('80%').height(50).backgroundColor(0xF5DEB3)
  Column() {
  }.width('80%').height(50).backgroundColor(0xD2B48C)
  Column() {
  }.width('80%').height(50).backgroundColor(0xF5DEB3)
}.width('100%').alignItems(HorizontalAlign.End).backgroundColor
('rgb(242,242,242)')
```

执行上述代码，运行效果如图 5.8 所示。

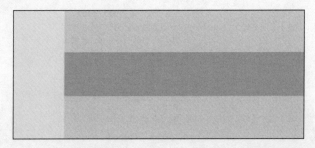

图 5.8　Column 容器内 HorizontalAlign.End 子元素在水平方向上右对齐效果

由图 5.8 可知，通过设置 alignItems(HorizontalAlign.End)，将子元素在水平方向上的对齐方式设置为末尾对齐，即右对齐。这意味着子元素会在容器的水平末尾线上对齐。因此，内部的 Column 容器在水平方向上会在容器的末尾对齐，而在垂直方向上仍然保持默认的垂直对齐方式（默认情况下是居中对齐）。

这种布局方式使子元素在水平方向上右对齐，从而呈现出在页面中水平向右对齐的效果，而在垂直方向上仍然保持默认的居中对齐。

（2）Row 容器内子元素在垂直方向上的排列案例如下。

1）使用 VerticalAlign.Top 子元素设置在垂直方向上顶部对齐时，代码如下：

```
Row({}) {
  Column() {
  }.width('20%').height(30).backgroundColor(0xF5DEB3)
  Column() {
  }.width('20%').height(30).backgroundColor(0xD2B48C)
  Column() {
  }.width('20%').height(30).backgroundColor(0xF5DEB3)
}.width('100%').height(200).alignItems(VerticalAlign.Top).backgroundColor
('rgb(242,242,242)')
```

执行上述代码，运行效果如图 5.9 所示。

**图 5.9　Row 容器内 VerticalAlign.Top 子元素在垂直方向上顶部对齐效果**

由图 5.9 可知，通过设置 alignItems(VerticalAlign.Top)，将子元素在垂直方向上的对齐方式设置为顶部对齐。这意味着子元素会在容器的垂直顶部对齐。因此，内部的 Column 容器在垂直方向上会在容器的顶部对齐，而在水平方向上仍然保持默认的水平对齐方式（默认情况下是居中对齐）。

这种布局方式使子元素在垂直方向上顶部对齐，从而呈现出在页面中垂直向顶部对齐的效果，而在水平方向上仍然保持默认的居中对齐。

2）使用 VerticalAlign.Center 子元素设置在垂直方向上居中对齐时，代码如下：

```
Row({}) {
  Column() {
  }.width('20%').height(30).backgroundColor(0xF5DEB3)

  Column() {
  }.width('20%').height(30).backgroundColor(0xD2B48C)
  Column() {
  }.width('20%').height(30).backgroundColor(0xF5DEB3)
}.width('100%').height(200).alignItems(VerticalAlign.Center).backgroundColor
('rgb(242,242,242)')
```

执行上述代码，运行效果如图 5.10 所示。

图 5.10　Row 容器内 VerticalAlign.Center 子元素在垂直方向上居中对齐效果

由图 5.10 可知，通过设置 alignItems(VerticalAlign.Center)，将子元素在垂直方向上的对齐方式设置为居中对齐。这意味着子元素会在容器的垂直中心线上对齐。因此，内部的 Column 容器在垂直方向上会在容器的中心对齐，而在水平方向上仍然保持默认的水平对齐方式（默认情况下是居中对齐）。

这种布局方式使子元素在垂直方向上居中对齐，从而呈现出在页面中垂直居中对齐的效果，而在水平方向上仍然保持默认的居中对齐。

3）使用 VerticalAlign.Bottom 子元素设置在垂直方向上底部对齐时，代码如下：

```
Row({}) {
  Column() {
  }.width('20%').height(30).backgroundColor(0xF5DEB3)
  Column() {
  }.width('20%').height(30).backgroundColor(0xD2B48C)
  Column() {
  }.width('20%').height(30).backgroundColor(0xF5DEB3)
}.width('100%').height(200).alignItems(VerticalAlign.Bottom).backgroundColor
('rgb(242,242,242)')
```

执行上述代码，运行效果如图 5.11 所示。

图 5.11　Row 容器内 VerticalAlign.Bottom 子元素在垂直方向上底部对齐效果

由图 5.11 可知，通过设置 alignItems(VerticalAlign.Bottom)，将子元素在垂直方向上的对齐方式设置为底部对齐。这意味着子元素会在容器的垂直底部对齐。因此，内部的 Column 容器在垂直方向上会在容器的底部对齐，而在水平方向上仍然保持默认的水平对齐方式（默认情况下是居中对齐）。

这种布局方式使子元素在垂直方向上底部对齐，从而呈现出在页面中垂直向底部对齐的效果，而在水平方向上仍然保持默认的居中对齐。

**3. 布局子元素在主轴上的排列方式**

在布局容器内，可以通过 justifyContent 属性来设置子元素在容器主轴上的排列方式。这种排列方式可以从主轴的起始位置开始，也可以从主轴的结束位置开始，还可以将主轴的空间均匀分配给子元素。

（1）Column 容器内子元素在垂直方向上的排列。justifyContent 属性包含六种参数，分别为

FlexAlign.Start、FlexAlign.Center、FlexAlign.End、FlexAlign.SpaceBetween、FlexAlign.SpaceAround、
FlexAlign.SpaceEvenly。这些参数控制 Column 容器内子元素在垂直方向上的排列方式，如图 5.12 所示。

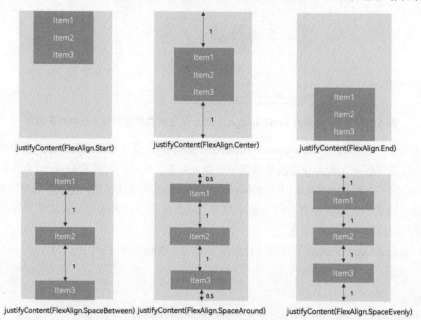

图 5.12 Column 容器内子元素在垂直方向上的排列方式

Column 容器内子元素的 justifyContent 属性的参数解析如下。

- justifyContent(FlexAlign.Start)：元素在垂直方向首端对齐，第一个元素与行首对齐，同时后续的元素与前一个对齐。
- justifyContent(FlexAlign.Center)：元素在垂直方向中心对齐，第一个元素到行首的距离和最后一个元素到行尾的距离相同。
- justifyContent(FlexAlign.End)：元素在垂直方向尾部对齐，最后一个元素与行尾对齐，其他元素与后一个元素对齐。
- justifyContent(FlexAlign.SpaceBetween)：垂直方向均匀分配元素，相邻元素之间距离相同。第一个元素与行首对齐，最后一个元素与行尾对齐。
- justifyContent(FlexAlign.SpaceAround)：垂直方向均匀分配元素，相邻元素之间距离相同。第一个元素到行首的距离和最后一个元素到行尾的距离是相邻元素之间距离的一半。
- justifyContent(FlexAlign.SpaceEvenly)：垂直方向均匀分配元素，相邻元素之间的距离、第一个元素到行首的距离、最后一个元素到行尾的距离都完全相同。

（2）Row 容器内子元素在水平方向上的排列。justifyContent 属性包含的六种参数同前，这些参数同样控制 Row 容器内子元素在水平方向上的排列方式，如图 5.13 所示。

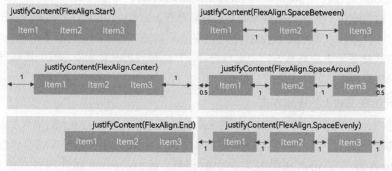

图 5.13 Row 容器内子元素在水平方向上的排列方式

Row 容器内子元素的 justifyContent 属性的参数解析如下。

- justifyContent(FlexAlign.Start)：元素在水平方向首端对齐，第一个元素与行首对齐，同时后续的元素与前一个对齐。
- justifyContent(FlexAlign.Center)：元素在水平方向中心对齐，第一个元素到行首的距离和最后一个元素到行尾的距离相同。
- justifyContent(FlexAlign.End)：元素在水平方向尾部对齐，最后一个元素与行尾对齐，其他元素与后一个元素对齐。
- justifyContent(FlexAlign.SpaceBetween)：水平方向均匀分配元素，相邻元素之间距离相同。第一个元素与行首对齐，最后一个元素与行尾对齐。
- justifyContent(FlexAlign.SpaceAround)：水平方向均匀分配元素，相邻元素之间距离相同。第一个元素到行首的距离和最后一个元素到行尾的距离是相邻元素之间距离的一半。
- justifyContent(FlexAlign.SpaceEvenly)：水平方向均匀分配元素，相邻元素之间的距离、第一个元素到行首的距离、最后一个元素到行尾的距离都完全相同。

综上所述，在布局容器内，可以通过 justifyContent 属性来设置子元素在容器主轴上的排列方式。对于 Column 容器，该属性控制子元素在垂直方向上的排列；而对于 Row 容器，该属性控制子元素在水平方向上的排列。在这两种情况下，justifyContent 属性都有六种参数可供选择。

对于垂直方向上的排列，FlexAlign.Start 使元素在垂直方向首端对齐，FlexAlign.Center 使元素在垂直方向中心对齐，FlexAlign.End 使元素在垂直方向尾部对齐。FlexAlign.SpaceBetween 和 FlexAlign.SpaceAround 都是在垂直方向上均匀分配元素，但前者使第一个元素与行首对齐，最后一个元素与行尾对齐；而后者使第一个元素到行首的距离和最后一个元素到行尾的距离是相邻元素之间距离的一半。FlexAlign.SpaceEvenly 则是在垂直方向上完全均匀分配元素。

对于水平方向上的排列，参数的含义与垂直方向上的排列类似，只是方向不同。

### 5.2.2 层叠布局

层叠布局是一种在屏幕上创建具有重叠元素区域的布局方式。通过 Stack 容器组件，可以实现元素的固定位置和层叠效果。在这种布局中，子元素（或称子组件）按顺序入栈，后一个子元素会覆盖在前一个子元素之上，从而形成叠加效果，并且可以自定义它们的位置。这种布局方式具有强大的页面层叠和位置定位能力，常用于创建广告、卡片层叠等效果。

#### 1. 开发布局

Stack 组件是一种容器组件，可以容纳各种子组件。默认情况下，子组件会在 Stack 组件中居中堆叠。子组件受 Stack 组件的约束，但可以自定义样式和排列方式，代码案例如下：

```
Column(){
  Stack({ }) {
    Column(){}.width('90%').height('100%').backgroundColor('#ff58b87c')
    Text('text').width('60%').height('60%').backgroundColor('#ffc3f6aa')
    Button('button').width('30%').height('30%').backgroundColor('#ff8ff3eb').
    fontColor('#000')
  }.width('100%').height(150).margin({top: 50})
}
```

执行上述代码，运行效果如图 5.14 所示。

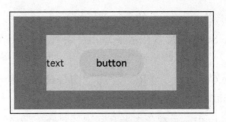

**图 5.14　开发布局 Stack 组件**

由图 5.14 可知，Stack 组件允许将多个子组件叠加在一起，并可以通过自定义样式和排列方式来控制它们的布局。在这个案例中，使用 Stack 组件将一个背景 Column、一个文本 Text 和一个按钮 Button 叠加在一起。

背景 Column 占据了 Stack 组件的整个空间，并设置了宽度为 90%、高度为 100% 以及背景颜色为半透明的粉色。文本 Text 和按钮 Button 则分别位于背景 Column 的上方，文本占据了背景 Column 宽度的 60%、高度的 60%，背景颜色为浅绿色；按钮占据了背景 Column 宽度的 30%、高度的 30%，背景颜色为浅蓝色，字体颜色为黑色。整个 Stack 组件的高度设置为 150px，并且距离顶部 50px。这样的布局使背景 Column 覆盖了整个 Stack 组件的区域，而文本和按钮则分别居中显示在背景 Column 上方。

**2. 对齐方式**

Stack 组件通过 alignContent 参数实现位置的相对移动。Stack 组件支持九种对齐方式，如图 5.15 所示。

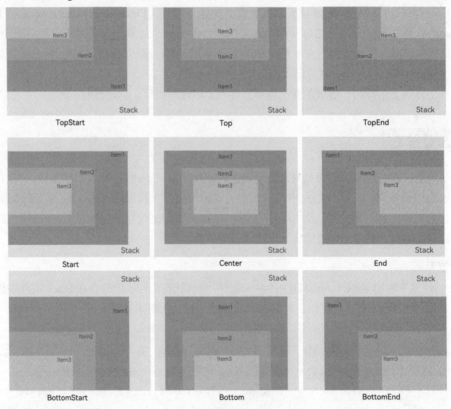

**图 5.15　Stack 组件的九种对齐方式**

这些对齐方式可以通过 alignContent 参数来实现位置的相对移动，从而影响子组件在 Stack 中的布局，具体解释如下。

- 顶部居左（TopStart），子组件相对于 Stack 容器的顶部和左侧对齐。
- 顶部居中（Top），子组件相对于 Stack 容器的顶部水平居中对齐。
- 顶部居右（TopEnd），子组件相对于 Stack 容器的顶部和右侧对齐。

- 居中居左（Start），子组件相对于 Stack 容器的垂直中心和左侧对齐。
- 居中居中（Center），子组件相对于 Stack 容器的垂直和水平中心对齐。
- 居中居右（End），子组件相对于 Stack 容器的垂直中心和右侧对齐。
- 底部居左（BottomStart），子组件相对于 Stack 容器的底部和左侧对齐。
- 底部居中（Bottom），子组件相对于 Stack 容器的底部水平居中对齐。
- 底部居右（BottomEnd），子组件相对于 Stack 容器的底部和右侧对齐。

通过选择不同的对齐方式，可以实现灵活的布局效果，使子组件在 Stack 容器中的位置相对于容器的不同部分进行调整。

### 3. Z 序控制

在 Stack 容器中，兄弟组件的显示层级关系可以通过 zIndex 属性来控制。zIndex 的值越大，显示的层级就越高，也就是说，zIndex 值较大的组件会覆盖在 zIndex 值较小的组件上方。

在层叠布局中，如果后面子元素的尺寸大于前面子元素的尺寸，那么前面的子元素会完全被隐藏。代码案例如下：

```
Stack({alignContent: Alignment.BottomStart}) {
  Column() {
    Text('Stack 子元素 1').textAlign(TextAlign.End).fontSize(20)
  }.width(100).height(100).backgroundColor(0xffd306)
  Column() {
    Text('Stack 子元素 2').fontSize(20)
  }.width(150).height(150).backgroundColor(Color.Pink)
  Column() {
    Text('Stack 子元素 3').fontSize(20)
  }.width(200).height(200).backgroundColor(Color.Grey)
}.margin({top: 100}).width(350).height(350).backgroundColor(0xe0e0e0)
```

执行上述代码，运行效果如图 5.16 所示。

图 5.16 Z 序控制的运行效果

由图 5.16 可知，最后的"Stack 子元素 3"的尺寸大于前面的所有子元素，因此前面的两个子元素完全隐藏。如果修改"Stack 子元素 1"和"Stack 子元素 2"的 zIndex 属性，可以将它们展示出来。修改后的代码如下：

```
Stack({alignContent: Alignment.BottomStart}) {
  Column() {
    Text('Stack 子元素 1').fontSize(20)
  }.width(100).height(100).backgroundColor(0xffd306).zIndex(2)
  Column() {
```

```
    Text('Stack 子元素 2').fontSize(20)
  }.width(150).height(150).backgroundColor(Color.Pink).zIndex(1)
  Column() {
    Text('Stack 子元素 3').fontSize(20)
  }.width(200).height(200).backgroundColor(Color.Grey)
}.margin({top: 100}).width(350).height(350).backgroundColor(0xe0e0e0)
```

执行上述代码，运行效果如图 5.17 所示。

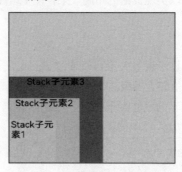

**图 5.17　Z 序控制运行效果**

图 5.17 展示了修改 zIndex 属性后的效果。通过设置 zIndex 属性来调整子元素的显示层级关系。"Stack 子元素 1" 的 zIndex 被设置为 2，"Stack 子元素 2" 的 zIndex 被设置为 1，而 "Stack 子元素 3" 的 zIndex 默认为 0。由于 "Stack 子元素 1" 的 zIndex 值最高，因此它会位于最顶层。"Stack 子元素 2" 次之，然后是 "Stack 子元素 3"。因此，即使 "Stack 子元素 3" 的尺寸最大，但由于 "Stack 子元素 1" 和 "Stack 子元素 2" 的 zIndex 值更高，它们也不会被完全隐藏。相反，"Stack 子元素 1" 和 "Stack 子元素 2" 会显示在 "Stack 子元素 3" 的上方，根据它们的 zIndex 值进行堆叠。

**4. 层叠布局使用案例**

使用层叠布局可以快速搭建手机页面显示模型。案例代码如下（案例文件：第 5 章 /ExStack.ets）。

```
@Entry
@Component
struct StackSample {
  private arr: string[] = ['1', '2', '3', '4', '5', '6', '7', '8'];
  build() {
    Stack({alignContent: Alignment.Bottom}) {
      Flex({wrap: FlexWrap.Wrap}) {
        ForEach(this.arr, (item) => {
          Text(item)
            .width(100)
            .height(100)
            .fontSize(16)
            .margin(10)
            .textAlign(TextAlign.Center)
            .borderRadius(10)
            .backgroundColor(0xFFFFFF)
        }, item => item)
      }.width('100%').height('100%')
      Flex({justifyContent: FlexAlign.SpaceAround, alignItems: ItemAlign.
      Center}) {
```

ArkTS 鸿蒙应用开发入门到实战

```
        Text(' 首页 ').fontSize(16)
        Text(' 中心 ').fontSize(16)
        Text(' 我的 ').fontSize(16)
      }
      .width('50%')
      .height(50)
      .backgroundColor('#16302e2e')
      .margin({bottom: 15})
      .borderRadius(15)
    }.width('100%').height('100%').backgroundColor('#CFD0CF')
  }
}
```

执行上述代码，运行效果如图 5.18 所示。

**图 5.18 手机页面显示模型运行效果**

图 5.18 展示了使用层叠布局快速搭建的手机页面显示模型。在这个案例中，使用 Stack 组件实现了层叠布局，其包含了 Text 组件和 Flex 组件。Flex 组件包含了一个 ForEach 循环，用于动态渲染一个字符串数组中的 Text 组件。这些 Text 组件具有相同的样式设置，包括固定的宽和高、字体大小、边距、文字居中、圆角和背景颜色。它们被排列在 Flex 容器中，并且在容器的底部对齐。Flex 容器中还包含了另一个 Flex 容器，用于放置底部导航栏。导航栏包含了 3 个 Text 组件，分别表示"首页""中心"和"我的"。这些 Text 组件被设置为相同的字体大小，并且水平均匀分布在容器中。

整个层叠布局的背景颜色为浅灰色，底部导航栏的背景颜色为深灰色，填充了整个手机页面的空间。这样的布局模型可以快速搭建手机页面，使页面内容清晰可见，且易于导航。

### 5.2.3 弹性布局

弹性布局提供了一种更有效的方法来排列、对齐和分配容器中的子元素的空间。容器默认包含主轴和交叉轴，子元素默认沿着主轴排列。主轴方向的尺寸称为主轴尺寸，而交叉轴方向的尺寸称为交叉轴尺寸。弹性布局在开发中具有广泛的应用场景，如页面头部导航栏的均匀分布、页面框架的搭建、多行数据的排列等。

**1. 基本概念**

主轴是 Flex 组件布局方向的轴线，子元素默认沿着主轴排列。主轴的起始位置称为主轴起始点，主轴的结束位置称为主轴结束点。

交叉轴是垂直于主轴方向的轴线。交叉轴的起始位置称为交叉轴起始点，交叉轴的结束位置称为交叉轴结束点。

**2. 布局方向**

在弹性布局中，容器的子元素可以按照任意方向排列。通过设置参数 direction，可以决定主轴的方向，从而控制子组件的排列方向，弹性布局方向如图 5.19 所示。

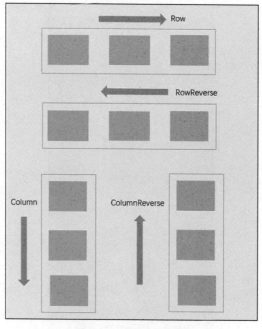

**图 5.19 弹性布局方向**

参数 direction 决定主轴的方向有以下四种方式。

（1）FlexDirection.Row。主轴为水平方向，子组件从起始端沿着水平方向开始排布。代码案例如下：

```
Flex({direction: FlexDirection.Row}) {
  Text('1').width('33%').height(50).backgroundColor(0xF5DEB3)
  Text('2').width('33%').height(50).backgroundColor(0xD2B48C)
  Text('3').width('33%').height(50).backgroundColor(0xF5DEB3)
}
.height(70)
.width('90%')
.padding(10)
.backgroundColor(0xAFEEEE)
```

执行上述代码，运行效果如图 5.20 所示。

图 5.20　FlexDirection.Row 参数的运行效果

由图 5.20 可知，主轴为水平方向，子组件从起始端沿着水平方向开始排布。本案例使用了 Flex 组件，并设置 direction 属性为 FlexDirection.Row，表示主轴为水平方向。整个 Flex 容器的高度为 70px，宽度为页面的 90%，并且设置了内边距为 10。这种布局方式使子组件在水平方向上均匀分布，并且从起始端开始排列，适用于横向展示多个子组件的情况。

（2）FlexDirection.RowReverse。主轴为水平方向，子组件从终点端沿着 FlexDirection. Row 相反的方向开始排布。代码案例如下：

```
Flex({direction: FlexDirection.RowReverse}) {
  Text('1').width('33%').height(50).backgroundColor(0xF5DEB3)
  Text('2').width('33%').height(50).backgroundColor(0xD2B48C)
  Text('3').width('33%').height(50).backgroundColor(0xF5DEB3)
}
.height(70)
.width('90%')
.padding(10)
.backgroundColor(0xAFEEEE)
```

执行上述代码，运行效果如图 5.21 所示。

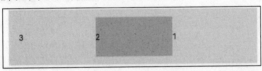

图 5.21　FlexDirection.RowReverse 参数的运行效果

由图 5.21 可知，本案例使用了 Flex 组件，并设置 direction 属性为 FlexDirection.RowReverse，表示主轴为水平方向，但子组件从终点端沿着 FlexDirection.Row 相反的方向开始排布。这种布局方式与 FlexDirection.Row 相比，只是排列方向相反，适用于需要从右向左排列子组件的情况。

（3）FlexDirection.Column。主轴为垂直方向，子组件从起始端沿着垂直方向开始排布。代码案例如下：

```
Flex({direction: FlexDirection.Column}) {
  Text('1').width('100%').height(50).backgroundColor(0xF5DEB3)
  Text('2').width('100%').height(50).backgroundColor(0xD2B48C)
  Text('3').width('100%').height(50).backgroundColor(0xF5DEB3)
}
.height(70)
.width('90%')
.padding(10)
.backgroundColor(0xAFEEEE)
```

执行上述代码，运行效果如图 5.22 所示。

图 5.22　FlexDirection.Column 参数的运行效果

由图 5.22 可知，本案例使用了 Flex 组件，并设置 direction 属性为 FlexDirection.Column，表示主轴为垂直方向，子组件从起始端沿着垂直方向开始排布。这种布局方式适用于需要从顶部向底部排列子组件的情况，使子组件在垂直方向上均匀分布。

（4）FlexDirection.ColumnReverse。主轴为垂直方向，子组件从终点端沿着 FlexDirection. Column 相反的方向开始排布。代码案例如下：

```
Flex({direction: FlexDirection.ColumnReverse}) {
  Text('1').width('100%').height(50).backgroundColor(0xF5DEB3)
  Text('2').width('100%').height(50).backgroundColor(0xD2B48C)
  Text('3').width('100%').height(50).backgroundColor(0xF5DEB3)
}
.height(70)
.width('90%')
.padding(10)
.backgroundColor(0xAFEEEE)
```

执行上述代码，运行效果如图 5.23 所示。

图 5.23　FlexDirection.ColumnReverse 参数的运行效果

由图 5.23 可知，本案例使用了 Flex 组件，并设置 direction 属性为 FlexDirection.ColumnReverse，表示主轴为垂直方向，但子组件从终点端沿着 FlexDirection.Column 相反的方向开始排布。

整个 Flex 容器的高度为 70px，宽度为页面的 90%，内边距设置为 10px。这种布局方式与 FlexDirection.Column 相比，只是排列方向相反，适用于需要从底部向顶部排列子组件的情况。

综上所述，在弹性布局中，主轴是布局方向的轴线，而交叉轴则垂直于主轴。布局方向可以通过设置参数 direction 来确定，从而控制子元素的排列方式。在本小节中，主要介绍了四种主要的布局方向。

- FlexDirection.Row：主轴为水平方向，子组件从起始端沿着水平方向开始排布。
- FlexDirection.RowReverse：主轴为水平方向，子组件从终点端沿着与 FlexDirection.Row 相反的方向开始排布。
- FlexDirection.Column：主轴为垂直方向，子组件从起始端沿着垂直方向开始排布。
- FlexDirection.ColumnReverse：主轴为垂直方向，子组件从终点端沿着与 FlexDirection. Column 相反的方向开始排布。

这些布局方向可以灵活应用于不同的场景，如横向导航栏、纵向列表等。通过灵活使用这些布局方向，可以更有效地实现容器中子元素的排列、对齐和分配空间。

### 5.2.4　相对布局

RelativeContainer 是一个使用相对布局的容器，它支持容器内子元素之间设置相对位置关系。子元素可以将兄弟元素或父容器作为锚点，并基于这些锚点进行相对位置的布局。图 5.24 所示为 RelativeContainer 的概念图，图中的虚线表示位置的依赖关系。

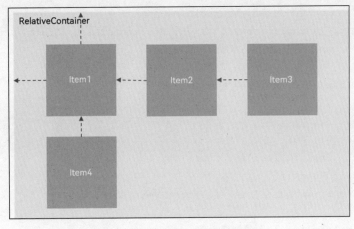

图 5.24　RelativeContainer 概念图

### 1. 锚点设置

锚点设置是指子元素相对于父容器或兄弟元素的位置依赖关系。在水平方向上，可以设置 left、middle、right 的锚点；在竖直方向上，可以设置 top、center、bottom 的锚点。为了明确定义锚点，必须为 RelativeContainer 及其子元素设置 ID，用于指定锚点信息。默认情况下，容器的 ID 为 container，其余子元素的 ID 通过 id 属性设置。如果子元素未设置 ID，将不会显示在 RelativeContainer 中。

### 2. 相对布局使用案例

相对布局内的子元素相对灵活，只要在 RelativeContainer 容器内，就可以通过 alignRules 属性进行相应的位置移动。案例代码如下（案例文件：第 5 章 /ExRelativeContainer.ets）：

```
@Entry
@Component
struct Index {
  build() {
    Row() {
      RelativeContainer() {
        Row()
          .width(100)
          .height(100)
          .backgroundColor('#FF3333')
          .alignRules({
            top: {anchor: '__container__', align: VerticalAlign.Top},
            // 以父容器为锚点，竖直方向顶端对齐
            middle: {anchor: '__container__', align: HorizontalAlign.Center}
            // 以父容器为锚点，水平方向居中对齐
          })
          .id('row1')   // 设置锚点为 row1
        Row() {
          Image($r('app.media.icon'))
        }
        .height(100).width(100)
        .alignRules({
          top: {anchor: 'row1', align: VerticalAlign.Bottom},
```

```
        // 以 row1 组件为锚点，竖直方向底端对齐
        left: {anchor: 'row1', align: HorizontalAlign.Start}
        // 以 row1 组件为锚点，水平方向起始对齐
      })
      .id('row2')    // 设置锚点为 row2
    Row()
      .width(100)
      .height(100)
      .backgroundColor('#FFCC00')
      .alignRules({
        top: {anchor: 'row2', align: VerticalAlign.Top}
      })
      .id('row3')    // 设置锚点为 row3
    Row()
      .width(100)
      .height(100)
      .backgroundColor('#FF9966')
      .alignRules({
        top: {anchor: 'row2', align: VerticalAlign.Top},
        left: {anchor: 'row2', align: HorizontalAlign.End},
      })
      .id('row4')    // 设置锚点为 row4
    Row()
      .width(100)
      .height(100)
      .backgroundColor('#FF66FF')
      .alignRules({
        top: {anchor: 'row2', align: VerticalAlign.Bottom},
        middle: {anchor: 'row2', align: HorizontalAlign.Center}
      })
      .id('row5')    // 设置锚点为 row5
  }
  .width(300).height(300)
  .border({width: 2, color: '#6699FF'})
}
.height('100%').margin({left: 30})
  }
}
```

上述代码定义了一个名为 Index 的组件，使用 @Entry 和 @Component 注解标识入口和组件身份。在 build() 方法中，定义了一个包含 RelativeContainer 的 Row 布局容器，容器内有 5 个 Row 子组件。第一个 Row 组件（row1）大小为 100px×100px，红色背景，顶端对齐父容器并水平居中；第二个 Row 组件（row2）包含一个图片，大小为 100px×100px，与 row1 底端对齐且水平起始对齐；第三个 Row 组件（row3）和第四个 Row（row4）组件大小均为 100px×100px，分别与 row2 顶端对齐，但 row4 水平终端对齐；第五个 Row 组件（row5）大小同样为 100px×100px，与 row2 底端对齐且水平居中。整个容器大小为 300px×300px，有 2px 的蓝色边框。

执行上述代码，运行效果如图 5.25 所示。

图 5.25　锚点案例运行效果

上述代码通过相对定位的方式，创建了一个包含 5 个子组件的布局。这些子组件在父容器 RelativeContainer 中按照不同的对齐规则进行排列，子元素支持指定兄弟元素作为锚点，也支持指定父容器作为锚点，并基于锚点进行相对位置布局。

## 5.2.5　栅格布局

栅格布局是一种广泛使用的辅助定位工具，对移动设备界面设计非常有帮助，其主要优势如下。

（1）提供规律性的结构，通过将页面划分为等宽的列和行，方便定位和排版。

（2）提供统一的定位标注，确保不同设备上的布局一致性，减少设计和开发复杂度并提高效率。

（3）提供灵活的间距调整方法，满足特殊场景的布局需求，通过调整列间和行间的间距控制页面排版效果。

（4）实现自动换行和自适应，当页面元素超出一行或一列的容量时自动换行并在不同设备上自适应排版，使布局更灵活和适应性更强。

GridRow 作为栅格容器组件，需要与栅格子组件 GridCol 结合使用，才能实现完整的栅格布局效果。

### 1. GridRow

栅格系统默认断点将设备宽度分为 xs、sm、md、lg 四类，尺寸范围见表 5.4。

表 5.4　尺寸范围

| 断 点 名 称 | 取值范围（vp） | 设 备 描 述 |
| --- | --- | --- |
| xs | [0, 320） | 最小宽度类型设备 |
| sm | [320, 520) | 小宽度类型设备 |
| md | [520, 840) | 中等宽度类型设备 |
| lg | [840, +∞) | 大宽度类型设备 |

### 2. GridCol

GridCol 组件作为 GridRow 组件的子组件，可以通过传参或设置属性来配置其 span（占用列数）、offset（偏移列数）和 order（元素序号）等值。

span 决定子组件的宽度，默认为 1；offset 表示相对于前一个子组件的偏移列数，默认为 0；order 决定子组件的排列次序，未设置 order 或设置相同 order 的子组件按照代码顺序展示，设置不同 order 时，order 值较小的组件在前，较大的在后。部分子组件设置 order 而部分未设置时，未设置 order 的子组件排列在前，设置了 order 的子组件按照数值从小到大排列。

### 3. 栅格布局嵌套使用案例

栅格组件可以嵌套使用，以实现复杂的布局。栅格将整个空间分为 12 份，第一层的 GridRow 嵌套了 GridCol，分为一个主要区域和一个 footer 区域；第二层的 GridRow 嵌套了 GridCol，将主要区域分为 left 和 right 区域。子组件的空间按照上一层父组件的空间划分：粉色区域代表屏幕空间的 12 列，绿色和蓝色区域代表父组件 GridCol 的 12 列，依次进行空间划分。实现代码如下（案例文件：第 5 章 / ExGridRow.ets）：

```
@Entry
@Component
struct GridRowExample {
  build() {
    GridRow() {
      GridCol({span: {sm: 12}}) {
        GridRow() {
          GridCol({span: {sm: 2}}) {
            Row() {
              Text('left').fontSize(24)
            }
            .justifyContent(FlexAlign.Center)
            .height('90%')
          }.backgroundColor('#ff41dbaa')
          GridCol({span: {sm: 10}}) {
            Row() {
              Text('right').fontSize(24)
            }
            .justifyContent(FlexAlign.Center)
            .height('90%')
          }.backgroundColor('#ff4168db')
        }
        .backgroundColor('#19000000')
        .height('100%')
      }
      GridCol({span: {sm: 12}}) {
        Row() {
          Text('footer').width('100%').textAlign(TextAlign.Center)
        }.width('100%').height('10%').backgroundColor(Color.Pink)
      }
    }.width('100%').height(300)
  }
}
```

执行上述代码，运行效果如图 5.26 所示。

ArkTS 鸿蒙应用开发入门到实战

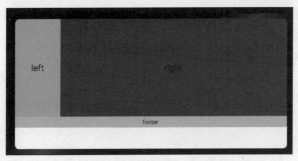

**图 5.26  栅格布局嵌套使用案例运行效果**

由图 5.26 和上述代码可知，本案例定义了 GridRowExample 组件，使用 @Entry 和 @Component 注解标识入口。在 build() 方法中，主要布局为一个 GridRow，包含两个 GridCol。第一个 GridCol 在小屏幕上占据了 12 个单元格，内部嵌套一个 GridRow，包含两个 GridCol：第一个 GridCol 占据两个单元格，包含一个垂直居中的 Row 和文字 left；第二个 GridCol 占据 10 个单元格，包含一个垂直居中的 Row 和文字 right。这两个 GridCol 分别有不同的背景颜色。第二个 GridCol 也在小屏幕上占据了 12 个单元格，包含一个 Row 和居中的文字 footer，背景颜色为粉红色。整个布局容器宽度为 100%，高度为 300px。

总的来说，栅格组件提供了丰富的自定义能力，功能十分灵活和强大。只需确定栅格在不同断点下的 Columns、Margin、Gutter 及 span 等参数，即可确定最终布局，无须担心具体的设备类型或设备状态（如横竖屏）等。

### 5.2.6  媒体查询

媒体查询作为响应式设计的核心，广泛应用于移动设备上，它可以根据不同设备的类型或同一设备的不同状态修改应用的样式。媒体查询主要应用于以下两种场景。

（1）根据设备和应用的属性信息设计布局：媒体查询可根据设备的显示区域、颜色深浅、分辨率等属性信息设计出相匹配的布局，以确保应用在不同设备上都能够呈现出最佳效果。

（2）动态更新页面布局：当屏幕发生动态改变时，如分屏操作、横竖屏切换等，媒体查询可以同步更新应用的页面布局，确保用户体验始终如一，不受设备状态变化的影响。

**1. 导入与使用流程**

以下是使用媒体查询模块实现页面响应式设计的流程。

（1）导入媒体查询模块：

```
import mediaquery from '@ohos.mediaquery';
```

（2）设置媒体查询条件并保存监听句柄：

```
let listener = mediaquery.matchMediaSync('(orientation: landscape)');
```

（3）绑定回调函数到监听句柄：

```
function onPortrait(mediaQueryResult) {
  if (mediaQueryResult.matches) {
    // 设备处于横屏状态时的操作
  } else {
    // 设备处于竖屏状态时的操作
  }
}
listener.on('change', onPortrait);
```

通过以上步骤，媒体查询模块将根据条件监听设备状态的变化，并在状态发生变化时执行对应的回调函数，从而实现页面的响应式设计。

### 2. 媒体查询使用案例

通过使用媒体查询，当屏幕在横屏和竖屏之间切换时，可以为页面文本应用不同的内容和样式。实现代码如下（案例文件：第 5 章 /ExMediaquery.ets）：

```
import mediaQuery from '@ohos.mediaquery';
@Entry
@Component struct mediaQueryTest {
  private mediaListener: mediaQuery.MediaQueryListener;
  @State color: string = '#DB7093';
  @State text: string = 'ArkUI';
  @State fontSize: number = 50;
  build() {
    Flex({direction: FlexDirection.Column, alignItems: ItemAlign.Center,
    justifyContent: FlexAlign.Center}) {
      Text(this.text)
        .fontSize(this.fontSize)
        .fontColor(this.color)
      }
      .width('100%')
      .height('100%')
  }
  aboutToAppear() {
    // 获取监听器
    this.mediaListener = mediaQuery.matchMediaSync("(orientation: landscape)");
    // 开始监听
    this.mediaListener.on("change", (result: mediaQuery.MediaQueryResult) => {
      if(result) {
        if(result.matches) {
          // 满足条件，实现相应业务逻辑
          this.color = '#FFD700'
          this.text = ' 媒体查询 -mediaquery'
        } else {
          // 不满足条件，实现相应业务逻辑
          this.color = '#DB7093'
          this.text = 'ArkTS'
        }
      }
    });
  }
  aboutToDisappear() {
    // 取消监听
    this.mediaListener.off("change");
  }
}
```

上述代码定义了一个名为 mediaQueryTest 的组件，使用了 @Entry 和 @Component 注解标识入口和组件身份。在 build() 方法中，创建了一个垂直居中的 Text 组件，并设置了初始状态的颜色、文本内容和字体大小。

在 aboutToAppear() 方法中，通过 mediaQuery 模块创建了一个媒体查询监听器，并注册了一个在屏幕方向发生变化时执行相应逻辑的监听器。当屏幕方向为横向时，修改文本颜色和内容；否则，恢复为初始状态。

在 aboutToDisappear() 方法中，取消了媒体查询的监听器。上述代码的主要作用是根据屏幕方向的变化，动态调整文本的样式和内容。

执行上述代码，运行效果如图 5.27 所示。

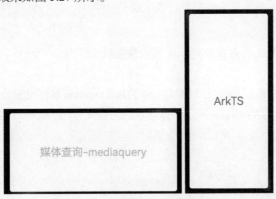

**图 5.27　媒体查询案例运行效果**

当屏幕为横向时，文本颜色变为金色，内容变为"媒体查询 –mediaquery"；当屏幕为非横向时，文本颜色恢复为粉红色，内容变为 ArkTS。

媒体查询在现代的响应式设计中扮演着重要的角色，它能够根据设备属性信息或状态变化，动态地调整页面布局和样式，以提供更好的用户体验。

在使用媒体查询时，首先需要导入媒体查询模块，设置相应的查询条件，并保存监听句柄。然后，通过绑定回调函数到监听句柄，可以实现对设备状态变化的监听，并在状态变化时执行对应的逻辑操作，从而实现页面的响应式设计。

在本案例中，展示了一个简单的页面文本样式的动态变化。通过媒体查询，当屏幕在横屏和竖屏之间切换时，文本的颜色和内容会相应地变化，以适应不同的屏幕方向。本案例清晰地展示了媒体查询在动态调整页面样式方面的强大功能。

总的来说，媒体查询作为响应式设计的核心技术之一，在移动设备上的应用十分广泛，能够有效地提升页面的适配性和用户体验[20]。通过学习和掌握媒体查询的使用方法，能够更好地实现各种设备上的页面响应式设计。

## 5.3　三种复杂布局

在复杂应用场景中，基础布局可能难以满足所有的界面需求。为了应对更多样化的数据展示与用户交互需求，HarmonyOS 提供了三种复杂布局。这些布局不仅能够处理大量数据和复杂的界面元素排列，还可以增强应用的灵活性和用户体验。本节将深入探讨这三种复杂布局的特点、应用场景，以及如何通过这些布局构建功能丰富、操作流畅的用户界面。掌握这些布局对于开发更高级的应用界面至关重要。

### 5.3.1 列表布局

列表是一种复杂的容器，当列表项达到一定数量并且内容超过屏幕大小时自动提供滚动功能。列表适用于展示相同数据类型或数据集，如图片和文本。许多应用程序（如通讯录、音乐列表、购物清单等）常常需要在列表中显示数据集合。

使用列表可以高效地展示结构化且可滚动的信息。通过在列表组件中按垂直或水平方向线性排列子组件 ListItemGroup 或 ListItem，列表为每一行或每一列提供了单独的视图。此外，还可以使用 ForEach 迭代一组行或列，或混合任意数量的单个视图和 ForEach 结构来构建列表。列表组件支持条件渲染、循环渲染、懒加载等多种渲染控制方式来生成子组件。

**1. 设置主轴方向**

List 组件的主轴方向默认为垂直方向，这意味着在默认情况下，无须手动设置 List 的方向就可以构建一个垂直滚动列表。

如果需要创建一个水平滚动列表，则只需将 List 的 listDirection 属性设置为 Axis.Horizontal 即可实现。listDirection 属性默认为 Axis.Vertical，即主轴方向默认为垂直方向。代码说明如下：

```
List() {
  ...
}
.listDirection(Axis.Horizontal)
```

**2. 设置交叉轴布局**

List 组件的交叉轴布局可以通过 lanes 和 alignListItem 属性进行设置。lanes 属性用于确定交叉轴上排列的列表项数量，而 alignListItem 用于设置子组件在交叉轴方向上的对齐方式。lanes 属性用于在不同尺寸的设备上自适应构建不同行数或列数的列表，其取值类型可以是整型或 LengthConstrain 类型。以垂直列表为例，如果将 lanes 属性设置为 2，则表示构建一个两列的垂直列表。lanes 属性的默认值为 1，即在默认情况下，垂直列表的列数为 1。

```
List() {
  ...
}
.lanes(2)
```

当 lanes 属性的取值为 LengthConstrain 类型时，它会根据 LengthConstrain 的设置和 List 组件的尺寸自适应决定行或列的数量。

```
List() {
  ...
}
.lanes({minLength: 200, maxLength: 300})
```

例如，假设在垂直列表中设置了 lanes 属性的值为 {minLength:200,maxLength:300}。当 List 组件的宽度为 300vp 时，由于 minLength 为 200vp，此时列表为一列；当 List 组件的宽度变化至 400vp 时，符合两倍的 minLength，此时列表自适应为两列。

同样以垂直列表为例，当 alignListItem 属性设置为 ListItemAlign.Center 时，表示列表项在水平方向上居中对齐；当 alignListItem 属性为默认值 ListItemAlign.Start 时，列表项在列表交叉轴方向上默认按首端对齐。

```
List() {
  ...
```

```
}
.alignListItem(ListItemAlign.Center)
```

### 3. 列表布局使用案例

在本案例中，使用了列表布局的核心概念和功能。List 组件用于展示一系列相同宽度的列表项，案例代码如下（案例文件：第 5 章 /ExList.ets）：

```
const alphabets = ['A', 'B', 'C', 'D', 'E', 'F', 'G', 'H', 'I', 'J', 'K','L',
'M', 'N', 'O', 'P', 'Q', 'R', 'S', 'T', 'U', 'V', 'W', 'X', 'Y', 'Z'];
interface UniversityItemInterface {
  title: string
}
interface UniversityInterface {
  alphabet: string,
  universityItem: UniversityItemInterface[]
}
@Entry
@Component
struct UniversityListIndex {
  @State selectedIndex: number = 0
  private listScroller: Scroller = new Scroller()
  @State universityList: UniversityInterface[] = [{
    alphabet: "A",
    universityItem: [
      {
        title: "安徽大学"
      },
      {
        title: "安庆师范大学"
      },
      {
        title: "安徽理工大学"
      },
      {
        title: "安徽农业大学"
      },
      {
        title: "安徽工业大学"
      },
      {
        title: "安徽医科大学"
      },
    ]
  },
    {
      alphabet: "B",
      universityItem: [
        {
```

```
          title: "北京大学"
        },
        {
          title: "北京师范大学"
        },
        {
          title: "北京航空航天大学"
        },
        {
          title: "北京理工大学"
        },
        {
          title: "北京交通大学"
        },
        {
          title: "北京工业大学"
        },
      ]
    },
    {
      alphabet: "C",
      universityItem: [
        {
          title: "重庆大学"
        },
        {
          title: "重庆医科大学"
        },
        {
          title: "重庆师范大学"
        },
        {
          title: "重庆邮电大学"
        },
        {
          title: "成都大学"
        },
        {
          title: "成都理工大学"
        },
      ]
    },
    {
      alphabet: "D",
      universityItem: [
        {
          title: "东南大学"
```

```
      },
      {
        title: "大连理工大学"
      },
      {
        title: "大连海事大学"
      },
      {
        title: "东北大学"
      },
      {
        title: "东北林业大学"
      },
      {
        title: "东北师范大学"
      },
    ]
  },
  {
    alphabet: "E",
    universityItem: [
      {
        title: "鄂尔多斯应用技术学院"
      },
      {
        title: "恩施职业技术学院"
      },
    ]
  },
  {
    alphabet: "F",
    universityItem: [
      {
        title: "复旦大学"
      },
      {
        title: "福建师范大学"
      },
      {
        title: "福州大学"
      },
      {
        title: "福建农林大学"
      },
      {
        title: "福建医科大学"
      },
```

```
          {
            title: "福建理工大学"
          },
        ]
      }
    ]
    // 自定义组件内自定义构建函数
    @Builder itemHead(text: string) {
      Text(text)
        .fontSize(20)
        .backgroundColor(0xEEEEEE)
        .width("100%")
        .padding(10)
    }
    build() {
      Column() {
        Stack({alignContent: Alignment.End}) {
          Column() {
            List({scroller: this.listScroller}) {
              ForEach(this.universityList, (item: UniversityInterface) => {
                ListItemGroup({header: this.itemHead(item.alphabet)}) {
                  ForEach(item.universityItem, (pro: UniversityItemInterface) => {
                    ListItem() {
                      Text(pro.title)
                        .fontSize(16)
                        .padding(10)
                        .width("100%")
                    }
                  })
                }
              })
            }
            .onScrollIndex((index: number) => {
              this.selectedIndex = index
            })
            .sticky(StickyStyle.Header)
          }.height('100%')
          .width('100%')

          AlphabetIndexer({arrayValue: alphabets, selected: 0})
            .selected(this.selectedIndex)
            .onSelect((index) => {
              this.listScroller.scrollToIndex(index)
            })
        }
      }
      .width('100%')
```

116

```
        .height('100%')
    }
}
```

执行上述代码，运行效果如图 5.28 所示。

图 5.28 案例运行效果

由图 5.28 和上述代码可知，案例代码主要由 TS 组件构成，用于按字母顺序展示大学名称列表。每个字母分类下列出了对应的大学名称。组件通过接口 UniversityInterface 管理数据结构，其中包括 alphabet 字母和相应的大学条目数组 universityItem，每个条目包含大学的名称（title 属性）。通过状态管理（@State），组件追踪当前选中的索引，以便在用户交互时高亮显示相应的大学条目。界面还包括了滚动和头部索引功能，使用户能够快速浏览和选择感兴趣的大学信息。

## 5.3.2 网格布局

网格布局是一种页面布局方式，通过将页面划分为行和列的单元格，使子组件灵活地放置在指定的单元格内，从而实现各种复杂的布局结构。网格布局具有以下特点和优势。

（1）页面均分能力：网格布局能够将页面均匀分割为多个单元格，使页面布局更加整齐和美观。

（2）子组件占比控制能力：可以通过设置网格单元格的大小比例控制子组件在页面中的大小和位置，从而实现灵活的布局效果。

（3）重要的自适应布局：网格布局适用于各种设备尺寸和屏幕方向，能够有效地响应不同的视觉布局需求，其适应性强。

（4）适用场景广泛：网格布局在很多应用场景中得到广泛应用，如九宫格图片展示、日历、计算器等，能够简单快捷地实现复杂的多列和多行布局。

在 ArkUI 中，Grid 组件和 GridItem 子组件提供了构建网格布局的基础设施。其中，Grid 组件用于设置和管理网格布局的各种参数和样式，如行数、列数、单元格间距等；GridItem 子组件则用于定义和配置单个子组件在网格布局中的位置和样式特征。

此外，ArkUI 的 Grid 组件支持丰富的渲染控制能力，包括条件渲染（根据条件决定是否渲染子组件）、循环渲染（根据数据动态生成子组件）、懒加载（延迟加载子组件以优化性能）等，增强了组件的灵活性和可定制性，使网格布局能够更好地满足不同项目的布局需求和功能要求。网格布局的代码案例如下（案例文件：第 5 章 /ExGrid.ets）：

```
@Entry
@Component
struct OfficeService {
  @State services: Array<string> = ['会议', '投票', '签到', '打印','签名','合影']
  build() {
    Column() {
      Grid() {
        ForEach(this.services, service => {
          GridItem() {
            Text(service)
          }.backgroundColor("#40b9ef")
        }, service => service)
      }
      .rowsTemplate('1fr 1fr 1fr')
      .columnsTemplate('1fr 2fr 1fr')
      .columnsGap(10)
      .rowsGap(15)
    }
  }
}
```

执行上述代码，运行效果如图 5.29 所示。

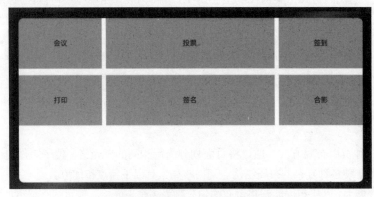

图 5.29　网格布局的代码案例运行效果

由图 5.29 和上述代码可知，本案例演示了如何利用网格布局在页面上创建一个办公服务展示界面。网格布局通过将页面划分为行和列的单元格，使子组件可以按需放置和调整大小，实现了页面的整齐美观和灵活性。ArkUI 提供了强大的布局控制能力，包括行和列的模板设定、单元格间距调整等，使开发者能够轻松地构建和定制各种复杂的多列布局，适用于诸如九宫格展示、日历、计算器等多种场景。

### 5.3.3 轮播布局

Swiper 组件提供了在应用中实现滑动轮播展示的功能。作为一个容器组件，Swiper 可以包含多个子组件，并通过滑动手势或自动播放功能实现这些子组件的轮播显示。这种功能在应用的首页或推荐页面上使用，用于突出展示多个内容或广告，提升用户体验和视觉吸引力 [21]。

Swiper 组件的关键特性包括以下四个方面。

（1）滑动轮播展示：支持用户通过手势滑动或自动播放切换展示的子组件。

（2）多样化配置：可以设置轮播的速度、动画效果、循环播放等参数，以满足不同展示需求。

（3）适应性强：能够适应不同尺寸的屏幕和设备，保证轮播效果在各种环境下的流畅性和美观性。

（4）广泛应用场景：特别适用于推广活动、产品展示、新闻资讯等需要突出展示多个项目的场景。

在开发中，Swiper 组件的引入可以有效提升页面的互动性和信息传递效率，是现代应用界面设计中常见的一部分。轮播布局的代码案例如下（案例文件：第 5 章 /ExSwiper.ets）：

```
@Entry
@Component
struct Index {
  private swiperController: SwiperController = new SwiperController()
  build() {
    Swiper(this.swiperController) {
      Text(" 第一页 ")
        .width('100%')
        .height('100%')
        .backgroundColor(Color.Gray)
        .textAlign(TextAlign.Center)
        .fontSize(30)
      Text(" 第二页 ")
        .width('100%')
        .height('100%')
        .backgroundColor(Color.Green)
        .textAlign(TextAlign.Center)
        .fontSize(30)
      Text(" 第三页 ")
        .width('100%')
        .height('100%')
        .backgroundColor(Color.Blue)
        .textAlign(TextAlign.Center)
        .fontSize(30)
    }
    .loop(true)
    interval(2000)
    autoPlay(true)
  }
}
```

执行上述代码，运行效果如图 5.30 所示。

**图 5.30　轮播布局的代码案例运行效果**

由图 5.30 和上述代码可知，本案例演示了 Swiper 控件的轮播布局。轮播布局包含 3 个页面，每个页面都是一个全屏的 Text 组件，分别显示"第一页""第二页"和"第三页"，并且背景颜色分别为灰色、绿色和蓝色。页面中的所有文本都居中对齐，字体大小为 30px。轮播图设置为循环播放，每隔 2000ms 自动切换页面。

轮播布局的特点总结如下。

（1）布局与尺寸约束：Swiper 作为容器组件，会根据子组件的尺寸自动调整自身尺寸，除非开发者显式设置了固定尺寸。未设置固定尺寸时，在轮播过程中会动态调整大小。

（2）循环播放：通过 loop 属性控制页面是否循环播放，默认为 true。当启用循环播放时，可以无限循环切换页面；否则，当到达第一页或最后一页时将不能继续切换。

（3）自动轮播：通过 autoPlay 属性控制是否自动轮播子组件，默认为 false。可通过 interval 属性设置自动播放间隔，默认为 3000ms。

（4）导航点样式：Swiper 提供默认导航点样式，并允许开发者通过 indicatorStyle 属性自定义样式，包括位置、尺寸和颜色。

（5）页面切换方式：支持手指滑动、单击导航点和通过控制器切换页面。

（6）轮播方向：通过 vertical 属性可以设置水平或垂直方向的轮播，默认方向为水平轮播。

（7）多子页面显示：通过 displayCount 属性设置一页内显示的子组件数量，支持显示多个子页面。

这些属性和方法使 Swiper 成为一个灵活且强大的组件，适用于各种轮播需求和交互方式的开发场景。

# 5.4　本章小结

本章介绍了 ArkUI 中各种布局容器的使用方法，包括线性布局、层叠布局、弹性布局、相对布局、栅格布局和媒体查询等基础布局，以及列表布局、网格布局和轮播布局等复杂布局。通过这些布局容器，开发者可以灵活地构建高效、美观的用户界面，以满足不同的应用需求。

# 第6章 基础组件

从本章开始，我们将学习组件部分。组件是构建应用界面的基石，通过巧妙地组合与布局，可以搭建出既美观又功能强大的用户界面。接下来，我们将深入探索鸿蒙操作系统中的基础组件，以及如何使用它们来构建应用。

# 6.1 文 本 组 件

鸿蒙框架中的文本组件是一个关键性的 UI 元素，主要用于在用户界面上展示文本内容。该组件支持多种属性设置，如字体大小、颜色、样式和对齐方式，允许开发者根据需求自定义文本的外观和布局 [22]。此外，文本组件还支持 Span 子组件，用于在文本中嵌入不同样式的内容，并支持事件处理功能，如单击和长按事件，从而增加了交互性。

## 6.1.1　组件介绍

从 API Version 9 开始，文本组件还支持在 ArkTS 卡片中使用，进一步拓宽了其在鸿蒙框架中的应用场景。

### 1. 文本组件

鸿蒙框架中的文本组件不仅是 UI 界面上的基础元素，更是信息传递和交互的核心。它不仅负责显示文本，还通过其丰富的属性和功能为开发者提供了高度的自定义性和交互性。

```
Text(' 我是一段文本 ')
```

### 2. 组件属性

文本组件支持多种属性设置，以满足不同场景下的需求。

（1）可以根据设计需求调整字体的大小，确保文本在不同的屏幕尺寸和分辨率下都能清晰可读。

（2）字体颜色的设置可以根据应用的整体色调或用户的偏好进行调整，以提供更好的视觉体验。

（3）字体支持粗体、斜体、下画线等多种样式，使文本更加丰富多彩。

（4）对齐方式包括左对齐、右对齐、居中对齐等，可以根据文本的布局需求进行灵活调整。

文本属性的参考代码如下：

```
Text(' 我是一段文本 ')
  .baselineOffset(0)
  .fontSize(30)
  .border({width: 1})
  .padding(10)
  .width(300)
```

### 3. Span 子组件

文本组件中的 Span 子组件为开发者提供了在文本中嵌入不同样式内容的能力。通过使用 Span 子组件，开发者可以在同一段文本中设置不同的字体大小、颜色和样式等，实现更复杂的文本展示效果。

例如，开发者可以在一段文本中突出显示关键词或链接，通过为这些关键词或链接设置不同的样式（如加粗、变色等），使用户能够更快速地注意到并理解这些信息。代码如下：

```
Text(' 我是 Text') {
  Span(' 我是 Span')
}
.padding(10)
.borderWidth(1)
```

**4. 事件处理**

文本组件还支持事件处理功能，如单击和长按事件。这些事件处理功能使得文本组件不仅具有展示功能，还具备了一定的交互性。

当用户在文本组件上执行单击或长按操作时，可以触发相应的事件处理程序。开发者可以在这些事件处理程序中编写代码，实现特定的交互逻辑，如打开链接、显示提示信息等。代码如下：

```
Text(' 点我 ')
  .onClick(()=>{
      console.info(' 我是 Text 的单击响应事件 ');
  })
```

## 6.1.2　实现案例

通过合理地利用文本组件的事件处理功能，开发者可以为应用增加更多的交互元素，从而提升用户体验。文本组件的案例代码如下（案例文件：第 6 章 /ExText.ets）。

```
@Entry
@Component
struct TextExample {
  build() {
    Column() {
      Row() {
        Text("1").fontSize(26).fontColor(Color.Red).margin({left: 10, right: 10})
        Text("OpenAICEO 考虑转变为营利性公司 ")
          .fontSize(24)
          .fontColor(Color.Blue)
          .maxLines(1)
          .textOverflow({overflow: TextOverflow.Ellipsis})
          .fontWeight(400)
        Text(" 爆 ")
          .margin({left: 6})
          .textAlign(TextAlign.Center)
          .fontSize(24)
          .fontColor(Color.White)
          .fontWeight(600)
          .backgroundColor(0x770100)
          .borderRadius(5)
          .width(20)
          .height(18)
      }.width('100%').margin(5)
      Row() {
        Text("2").fontSize(26).fontColor(Color.Red).margin({left: 10, right: 10})
        Text("Meta 更新隐私政策，从月底起将把用户数据用于训练 AI")
          .fontSize(24)
          .fontColor(Color.Blue)
          .fontWeight(400)
          .constraintSize({maxWidth: 200})
          .maxLines(1)
```

```
        .textOverflow({overflow: TextOverflow.Ellipsis})
      Text(" 热 ")
        .margin({left: 6})
        .textAlign(TextAlign.Center)
        .fontSize(20)
        .fontColor(Color.White)
        .fontWeight(600)
        .backgroundColor(0xCC5500)
        .borderRadius(5)
        .width(20)
        .height(18)
    }.width('100%').margin(5)
    Row() {
      Text("3").fontSize(26).fontColor(Color.Orange).margin({left: 10, right: 10})
      Text(" 明年开启销售前，某汽车公司计划先出租人形机器人 Optimus")
        .fontSize(24)
        .fontColor(Color.Blue)
        .fontWeight(400)
        .maxLines(1)
        .constraintSize({maxWidth: 200})
        .textOverflow({overflow: TextOverflow.Ellipsis})
      Text(" 热 ")
        .margin({left: 6})
        .textAlign(TextAlign.Center)
        .fontSize(20)
        .fontColor(Color.White)
        .fontWeight(600)
        .backgroundColor(0xCC5500)
        .borderRadius(5)
        .width(20)
        .height(18)
    }.width('100%').margin(5)
    Row() {
      Text("4").fontSize(26).fontColor(Color.Grey).margin({left: 10, right: 10})
      Text(" 苹果文生图应用新特性：仅生成卡通图像，元数据由 AI 智能标注 ")
        .fontSize(24)
        .fontColor(Color.Blue)
        .fontWeight(400)
        .constraintSize({maxWidth: 200})
        .maxLines(1)
        .textOverflow({overflow: TextOverflow.Ellipsis})
    }.width('100%').margin(5)
  }.width('100%')
  }
}
```

执行上述代码，文本组件的案例运行效果如图 6.1 所示。

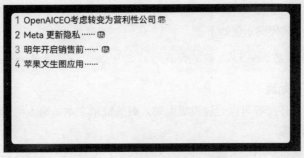

图 6.1　文本组件的案例运行效果

由图 6.1 可知，本案例展示了如何在鸿蒙框架中使用文本组件和布局组件创建一个高度自定义的文本展示界面。代码段中定义了一个名为 TextExample 的组件，并在其中使用多个 Row 和 Text 组件来排列和显示文本。每个 Row 组件中包含一组 Text 组件，这些组件通过设置不同的字体大小、颜色、样式和对齐方式等属性，展示了不同的文本内容和样式。代码段中还展示了如何使用 Span 子组件和事件处理功能，如单击和长按事件，以实现复杂的文本展示和交互效果。

综上所述，文本组件在鸿蒙框架中扮演了重要的角色，为开发者提供了丰富且灵活的文本展示和交互解决方案。

# 6.2　输入框组件

在鸿蒙框架中，输入框组件是不可或缺的 UI 元素之一，它允许用户输入文本信息，并与应用程序进行交互。

## 6.2.1　组件介绍

输入框组件分为单行输入框（TextInput）和多行输入框（TextArea）两种类型，分别适用于接收简短和长篇的文本输入。

### 1. 单行输入框

单行输入框的特性与应用场景如下。

（1）简短文本输入：适用于接收用户输入的简短文本，如用户名、密码、搜索关键词等。

（2）高度可配置性：开发者可以根据需求设置字体、颜色、对齐方式等属性，以满足不同的应用场景。

（3）输入类型选择：提供多种输入类型选项，如基本输入模式、密码输入模式、邮箱地址输入模式、纯数字输入模式等，以满足不同的输入需求。

单行输入框常用于用户登录界面，接收用户名和密码的输入；或者在搜索框中接收用户输入的搜索关键词。使用该组件的代码示例如下：

```
TextInput()
```

### 2. 多行输入框

多行输入框的特性与应用场景如下。

（1）长篇文本输入：适用于接收用户输入的较长篇幅的文本，如撰写的评论、邮件内容、文章等。

（2）滚动与自动换行：当文本内容超出输入框的显示范围时，支持滚动查看和自动换行显示。

（3）高度可配置性：同样支持字体、颜色、对齐方式等属性的自定义设置。

多行输入框常用于在社交媒体应用中，能够让用户撰写评论或发布动态；或在邮件应用中让用户编写邮件内容。使用该组件的代码示例如下：

```
TextArea({text:" 我是 TextArea 我是 TextArea 我是 TextArea 我是 TextArea"}).width(300)
```

### 3. 自定义样式与事件处理

在自定义样式方面，开发者可以通过设置无输入时的提示文本、输入框的背景颜色等属性，为输入框组件添加个性化的样式。

在事件处理方面，输入框组件支持多种事件处理功能，如获取焦点、失去焦点、内容变化等。开发者可以为这些事件编写相应的处理程序，以实现特定的交互逻辑。

### 6.2.2 实现案例

在注册和登录界面，TextInput 组件被广泛用于接收用户名、密码等信息的输入。案例代码如下（案例文件：第 6 章 /ExTextInput.ets）。

```
import router from '@ohos.router';
import http from '@ohos.net.http';
import promptAction from '@ohos.promptAction'
@Entry
@Component
struct Index {
  @State activities: object[] = [];
  @State username: string = ''
  @State password: string = ''
  S_login() {
    if (this.username == "admin" && this.password == "admin") {
      router.replaceUrl({
        //url: "pages/one",
        url: "pages/one",
        params: {
          activities:this.activities
        }
      })
    }
    else {
      promptAction.showToast({
        message:" 密码或用户名错误，请重新输入 "
      })
    }
  }
  build() {
    Row() {
      Column({space:17}) {
        Image($r("app.media.app_icon")).width(80)
        Text("XXXXXArkts 示例案例 ")
        TextInput({placeholder: ' 输入用户名 '})
          .width(300)
          .height(60)
          .fontSize(20)
```

```
        .onChange((value: string) => {
          this.username = value
        })
      TextInput({placeholder: '输入密码'})
        .width(300)
        .height(60)
        .fontSize(20)
        .type(InputType.Password)
        .onChange((value: string) => {
          this.password = value
        })
      Button('登录')
        .width(300)
        .height(60)
        .fontSize(20)
        .backgroundColor('#0F40F5')
        .onClick(() => {
          this.S_login();
        })
    }
    .width('100%')
  }
  .height('100%')
  }
}
```

执行上述代码，输入框组件的案例运行效果如图 6.2 所示。

**图 6.2 输入框组件的案例运行效果**

输入框组件在鸿蒙框架中的应用场景非常广泛。开发者可以根据具体需求选择合适的输入框类型，并通过自定义样式和事件处理功能为用户提供更加灵活、便捷和个性化的输入体验。

这些组件具有高度的可配置性，开发者可以根据需求设置字体、颜色和对齐方式等属性，以满足不同的应用场景。无论是用户登录、搜索关键词还是撰写评论、邮件内容，输入框组件都能提供灵活且直观的用户输入界面。

# 6.3 按钮组件

在鸿蒙框架中，按钮组件（Button）是用户界面中不可或缺的元素之一，用于触发用户定义的操作或提交数据。

## 6.3.1 组件介绍

按钮组件支持多种样式和属性设置，如背景颜色、形状、文本标签等，以满足不同界面的设计需求，以下是一些关于鸿蒙框架中按钮组件的基本特性和使用方法的概述。

### 1. 基本特性

（1）触发操作：按钮被设计用于触发用户定义的操作或提交数据。

（2）样式和属性：支持多种样式和属性设置，如背景颜色、形状、大小、边框、文本标签和字体样式等。

（3）交互反馈：当用户单击按钮时，可以提供视觉或触觉反馈，如颜色变化、动画效果或振动等。

### 2. 事件监听

通过为按钮添加事件监听器（如单击事件监听器），开发者可以定义用户单击按钮时执行的操作。这些操作可能包括提交表单数据、导航到另一个页面或视图、执行某个特定的命令或函数、显示一个对话框或提示信息等。

### 3. 特殊类型的按钮

鸿蒙框架支持一些特殊类型的按钮，这些按钮具有特定的样式和行为，具体如下。

（1）胶囊按钮：具有圆角的矩形形状，适用于需要强调或突出显示的场景。

（2）圆形按钮：完全圆形的按钮，可以用于简洁、直观的 UI 设计中。

（3）图标按钮：只包含图标而不包含文本的按钮，适用于需要快速识别功能的场景。

## 6.3.2 实现案例

按钮组件可以用于启动任何用户界面元素，并会根据用户的操作触发相应的事件。例如，在 List 容器中，可以通过单击按钮进行页面跳转。案例代码如下（案例文件：第 6 章 /ExTextButton.ets）。

```
// 正确导入并配置
import router from '@ohos.router';
// 使用 @Entry 和 @Component 装饰器来定义页面组件
@Entry
@Component
struct ButtonCase1 {
  // 构建 UI 的方法
  build() {
    List({space: 4}) {
      // 第一个列表项，包含一个按钮
      ListItem() {
        Button("First")
          .onClick(() => {
            // 单击该按钮时导航到 first_page 页面
            router.pushUrl({url: 'pages/first_page'});
```

```
      })
        .width('100%') // 设置按钮宽度为100%
    }
    // 第二个列表项，按钮文本和导航目标不同
    ListItem() {
      Button("Second")
        .onClick(() => {
          router.pushUrl({url: 'pages/second_page'});
        })
        .width('100%')
    }
    // 第三个列表项，与前两个类似
    ListItem() {
      Button("Third")
        .onClick(() => {
          router.pushUrl({url: 'pages/third_page'});
        })
        .width('100%')
    }
  }
  .listDirection(Axis.Vertical) // 设置列表的排列方向为垂直
  .backgroundColor(0xDCDCDC)    // 设置背景颜色
  .padding(20);                 // 设置内边距
  }
}
```

执行上述代码，按钮在 List 容器中的运行效果如图 6.3 所示。

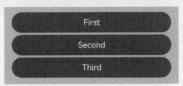

**图 6.3　按钮在 List 容器中的运行效果**

综上所述，通过为按钮添加事件监听器，开发者可以定义用户单击按钮时执行的操作，如提交表单、切换页面或执行特定命令。此外，鸿蒙框架还支持特殊类型的按钮，如胶囊按钮、圆形按钮和图标按钮，为开发者提供了更多样化的选择。因此，按钮组件在构建交互性较强的用户界面时发挥着关键作用。

# 6.4　图　片　组　件

在鸿蒙开发中，图片组件（Image）是另一个非常重要的用户界面元素，用于在应用中显示图片。

## 6.4.1　组件介绍

图片组件支持多种图片格式，如 JPEG、PNG、GIF 等，并允许开发者通过不同的属性和样式来定制图片的显示方式。以下是一些关于鸿蒙框架中图片组件的基本特性和使用方法的概述。

### 1. 基本特性

图片组件支持从本地文件系统、网络资源或应用资源中加载图片，同时支持设置图片的宽度、高度、缩放模式（如填充、保持纵横比等）、边框、圆角等样式属性；也可以配合动画组件实现图片的淡入/淡出、旋转等动画效果，支持使用图片作为背景或其他组件的背景填充。

### 2. 使用方法

在鸿蒙框架中，使用图片组件涉及以下几个步骤。

（1）导入图片资源：将图片文件添加到项目的资源目录中，或者在运行时从网络中加载图片。

（2）创建图片组件：在页面的构建方法中（如 build() 方法）使用图片组件并指定图片的来源。

（3）设置样式和属性：根据需要设置图片的宽度、高度、缩放模式等样式和属性。

### 6.4.2 实现案例

以下是一个简单的实战场景，展示了如何在鸿蒙应用中使用图片组件来显示一张图片（案例文件：第 6 章 /ExTextImage.ets）。

```
@Entry
@Component
struct Index {
  build() {
    Column() {
      Row() {
        Image($r('app.media.go'))
          .width('40%')
          .interpolation(ImageInterpolation.None)
          .borderWidth(1)
          .overlay("Interpolation.None", {align: Alignment.Bottom, offset: {x: 0,
          y: 20}})
          .margin(10)
        Image($r('app.media.go'))
          .width('40%')
          .interpolation(ImageInterpolation.Low)
          .borderWidth(1)
          .overlay("Interpolation.Low", {align: Alignment.Bottom, offset: {x: 0,
          y: 20}})
          .margin(10)
      }.width('100%')
      .justifyContent(FlexAlign.Center)
      Row() {
        Image($r('app.media.go'))
          .width('40%')
          .interpolation(ImageInterpolation.Medium)
          .borderWidth(1)
          .overlay("Interpolation.Medium", {align: Alignment.Bottom, offset: {x: 0,
          y: 20}})
          .margin(10)
        Image($r('app.media.go'))
          .width('40%')
          .interpolation(ImageInterpolation.High)
```

```
        .borderWidth(1)
        .overlay("Interpolation.High", {align: Alignment.Bottom, offset: {x: 0,
         y: 20}})
        .margin(10)
    }.width('100%')
    .justifyContent(FlexAlign.Center)
   }
   .height('100%')
  }
}
```

执行上述代码，图片组件的案例运行效果如图 6.4 所示。

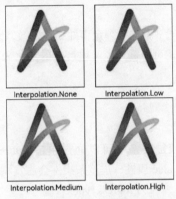

**图 6.4　图片组件的案例运行效果**

由图 6.4 结合上述代码可知，该布局包含 4 个图片组件，分别设置不同的图片和插值方式（None、Low、Medium、High）。这些组件被排列在两个 Row 组件中，每个 Row 组件占据整个父容器的宽度，并且内容水平居中显示。每个图片组件具有自定义的宽度、边框、文字覆盖和边距样式设置。

当原图分辨率较低并且放大显示时，图片可能会变得模糊并出现锯齿。这时可以使用 interpolation 属性对图片进行插值，以使图片显示得更清晰。

图片组件在鸿蒙应用中扮演着重要的角色，无论是用于装饰界面、展示产品信息还是提供用户交互的反馈，都离不开图片组件的支持。通过合理利用图片组件，开发者可以创建出更加生动、直观和吸引人的用户界面。

## 6.5　进度条组件

进度条组件（Progress）用于显示内容加载或操作处理的进度，是提升用户体验的重要元素之一。

### 6.5.1　组件介绍

鸿蒙操作系统从 API Version 7 开始支持进度条组件，并在后续版本中不断地优化和扩展其功能。

#### 1. 进度条类型

ArkUI 提供了多种类型的进度条，以满足不同的使用场景。常见的进度条类型如下。

（1）线性进度条（ProgressType.Linear）：最简单的进度条类型，表现为一条直线。

（2）无刻度环形进度条（ProgressType.Ring）：无刻度的环形进度条，常用于表示加载进度。

（3）月食样式进度条（ProgressType.Eclipse）：类似月食的进度条样式，较为特殊。

（4）有刻度环形进度条（ProgressType.ScaleRing）：带有刻度的环形进度条，能更清晰地显示进度细节。

（5）胶囊样式进度条（ProgressType.Capsule）：只有设置 width 和 height 属性后才会显示为非圆形的进度条，否则默认为圆形。

**2. 进度条样式与属性**

进度条的样式和属性可以通过 style() 方法进行设置，支持的属性如下。

（1）strokeWidth：进度条的宽度。

（2）scaleCount：有刻度环形进度条的刻度数（仅 ScaleRing 类型有效）。

（3）scaleWidth：有刻度环形进度条的刻度线宽度（仅 ScaleRing 类型有效）。

此外，可以通过 color() 方法设置进度条的前景色，backgroundColor() 方法设置进度条的背景色。

**3. 进度条事件**

进度条组件支持通用事件，但通常不需要绑定事件处理函数，因为进度条的更新通过修改其 value 属性来实现。然而，在某些场景下，可能需要监听进度条的变化来执行某些操作，这时可以通过状态管理或外部事件触发来实现。

### 6.5.2　实现案例

更新当前进度值（如应用安装进度条）可以通过单击 Button 按钮增加 progressValue。通过将 progressValue 设置给进度条组件的 value 属性，进度条组件会触发刷新并更新当前进度。进度条组件的实战场景代码如下（案例文件：第 6 章 /ExProgressType.ets）。

```
@Entry
@Component
struct Index {
  @State value: number = 0;
  private intervalID: number = -1;
  build() {
    Column({space: 10}) {
      Progress({
        value: this.value,
        type: ProgressType.ScaleRing
      })
        .style({
          scaleCount: 30,
          scaleWidth: 10
        })
        .color(Color.Red)
        .size({width: 80, height: 80})
      Progress({
        value: this.value,
        total: 100,
        type: ProgressType.Capsule
      })
        .size({width: 120, height: 50})
      Progress({
        value: this.value,
```

```
          total: 100,
          type: ProgressType.Ring
        })
          .style({strokeWidth: 10})
          .color(Color.Pink)
          .size({width: 80, height: 80})
        Progress({
          value: this.value,
          total: 100,
          type: ProgressType.Eclipse
        })
          .color(Color.Red)
          .size({width: 80, height: 80})
        Progress({
          value: this.value,
          total: 100,
          type: ProgressType.Linear
        })
          .style({strokeWidth: 10})
          .size({width: '100%', height: 40})
    }
    .padding(10)
    .width('100%')
    .height('100%')
  }
  aboutToAppear() {
    this.intervalID = setInterval(() => {
      this.value += 1
      if (this.value > 100) {
        clearInterval(this.intervalID);
      }
      console.log("update: " + this.value)
    }, 100);
  }
}
```

执行上述代码，进度条有五种可选类型，在创建时通过设置 ProgressType 枚举类型为 type 可选项指定进度条类型。这些类型包括线性进度条、无刻度环形进度条、有刻度环形进度条、月食样式进度条和胶囊样式进度条。进度条组件的案例运行效果如图 6.5 所示。

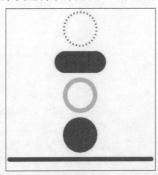

图 6.5 进度条组件的案例运行效果

综上所述，进度条支持多种类型，包括线性、环形、月食样式等，每种类型都可以通过属性配置其样式，如颜色、宽度、背景色等。开发者通过 ArkTS 的声明式语法，可以轻松地在 UI 布局中嵌入进度条，并通过修改其 value 属性来动态更新进度。此外，尽管进度条本身不直接绑定事件处理函数，但通过状态管理或外部事件触发，可以实现与进度条变化相关的逻辑处理。鸿蒙 ArkTS 的进度条组件为开发者提供了灵活且强大的进度展示能力，有助于提升用户体验。

## 6.6　本　章　小　结

本章详细介绍了 HarmonyOS 开发中常用的基础组件，包括文本组件、输入框组件、按钮组件、图片组件和进度条组件。每种组件都涵盖了其基本用法、属性配置、样式定制，以及如何在应用中实现交互功能。通过本章的学习，读者不仅能够掌握这些基础组件的基本知识，还能灵活运用它们来构建丰富多样的用户界面，从而提升应用的用户体验和交互效果。无论是构建简单的信息展示页面，还是实现复杂的用户交互流程，这些基础组件都是不可或缺的重要元素。

# 第 **7** 章　高级组件

在掌握基础组件的基础上，我们即将踏入一个更为复杂、多变且充满挑战的新阶段——学习高级组件。高级组件不仅仅是技术层面的进阶，更是思维方式和问题解决能力的升华。接下来，将深入探索鸿蒙操作系统中的高级组件，以及如何使用它们来构建应用。

# 7.1 视频播放组件

在鸿蒙应用的开发中，视频播放组件是构建多媒体应用不可或缺的一部分。它允许开发者在应用中嵌入视频内容[23]，为用户提供丰富的视听体验。鸿蒙操作系统提供了强大的视频播放组件，支持多种视频格式和流媒体协议，让视频播放变得简单而高效。

## 7.1.1 组件介绍

鸿蒙的视频播放组件封装了视频播放的核心功能，如播放、暂停、停止、调整音量、切换播放源等。这些功能通过简洁的 API 接口暴露给开发者，使得在应用中集成视频播放功能变得轻松。此外，视频播放组件还支持全屏播放、小窗播放等多种播放模式，以满足不同场景下的需求。

### 1. 引入视频播放组件

Video 组件用于播放视频文件并控制其播放状态，常用于短视频和内部视频的列表页面。当视频完整出现时会自动播放；用户单击视频区域则会暂停播放，同时显示播放进度条；通过拖动播放进度条指定视频播放到具体位置。Video 组件通过调用接口来创建，接口调用形式如下：

```
Video(value: {
  src?: string | Resource,
  currentProgressRate?: number | string | PlaybackSpeed,
  previewUri?: string | PixelMap | Resource,
  controller?: VideoController
})
```

### 2. 属性介绍

Video 组件属性主要用于设置视频的播放形式。例如，设置视频播放是否静音、播放时是否显示播放进度条等。代码如下（案例文件：第 7 章 /ExVideo.ets）。

```
@Component
export struct VideoPlayer {
  private controller: VideoController;
  build() {
    Column() {
      Video({
        controller: this.controller
      })
        .muted(false)                   // 设置是否静音
        .controls(false)                // 设置是否显示播放进度条
        .autoPlay(false)                // 设置是否自动播放
        .loop(false)                    // 设置是否循环播放
        .objectFit(ImageFit.Contain)    // 设置视频适配模式
    }
  }
}
```

在上述代码中，muted 参数用于设置视频是否静音、controls 参数用于设置是否显示播放进度条、

autoPlay 参数用于设置视频是否自动播放、loop 参数用于设置视频是否循环播放、objectFit 参数用于设置视频适配样式（详见 Image 组件的 ImageFit 属性）。

### 7.1.2　实现案例

本小节通过一个简单的案例演示如何在鸿蒙应用中使用视频播放组件。创建一个简单的视频播放应用，该应用能够加载并播放一个指定的视频文件，同时提供基本的播放控制功能，如播放、切换视频源。在开始之前，请确保开发环境已经设置好了鸿蒙 SDK，并且熟悉基本的鸿蒙应用开发流程。实现代码如下：

```
Column({space: 10}) {
  Video({
    src: this.videoSource,
    previewUri: $r("app.media.demo11"),    // 设置封面图片
    controller: this.videoController        // 设置控制器
  })
    .width(300)
    .height(550)
  Row({space: 10}) {
    Button(" 开始播放 ")
      .onClick(() => {
        this.videoController.start()
      })
    Button(" 下一个 ")
      .onClick(() => {
        this.videoSource = $rawfile('demo2.mp4')    // 切换视频源
      })
  }
}
.width("100%")
.height("100%")
```

执行上述代码，视频播放组件的案例运行效果如图 7.1 所示。

图 7.1　视频播放组件的案例运行效果

本小节通过实际案例演示了如何在鸿蒙应用中创建和使用视频播放组件。案例中展示了如何加载并播放指定的视频文件，同时提供了基本的播放控制功能，包括播放、切换视频源等。通过该案例，读者可以学习到鸿蒙应用中视频播放组件的使用方法，以及如何设置视频播放器的封面图片、控制器等属性，进而实现视频播放的基本控制功能。

## 7.2 二维码组件

二维码（2-dimensional bar code）又称二维条码，是一种在平面（二维方向）上以黑白相间几何图形分布的编码方式，用于记录数据符号信息。在鸿蒙操作系统中，二维码组件用于实现快速信息交换，如支付、网站链接分享等场景。

在鸿蒙操作系统的应用开发中，二维码组件是一个重要的功能组件，它允许开发者在应用中集成二维码的生成与扫描功能。这为用户提供了极大的便利，使得信息交换变得更加高效、快捷。

### 7.2.1 组件介绍

二维码相比传统的条形码（Bar Code），能够存储更多的信息，并且支持表示多种数据类型。它通过在二维平面上分布特定的几何图形（如正方形、圆形等），并利用 0、1 比特流的概念来编码信息，从而实现了信息的高密度存储与自动识读。属性代码如下：

```
declare class QRCodeAttribute extends CommonMethod<QRCodeAttribute> {
  color(value: ResourceColor): QRCodeAttribute;
  backgroundColor(value: ResourceColor): QRCodeAttribute;}
```

在上述代码中，color 属性用于设置二维码的颜色，默认为黑色；backgroundColor 属性用于设置二维码背景色。二维码组件通过设置 qrcode 的 type 属性来选择按钮类型，如定义 qrcode 为矩形二维码或圆形二维码。

### 7.2.2 实现案例

在鸿蒙应用项目中，首先需要在界面布局文件中添加二维码组件。鸿蒙操作系统提供了 QRCode 组件，用于显示二维码。实战演练代码如下（案例文件：第 7 章 /ExQRCode.ets）。

```
build() {
  Flex({justifyContent: FlexAlign.Center, alignItems: ItemAlign.Center}) {
    Column() {
      QRCode('Hello, HarmonyOS')
        .width(200)
        .height(200)
        .color(Color.Red)                  // 设置二维码颜色为红色
        .margin({top: 120})
      QRCode('Hello, HarmonyOS')
        .width(200)
        .height(200)
        .color(Color.Black)                // 设置二维码颜色为黑色
        .margin({top: 50})
```

```
        }
    }
}
```

执行上述代码，二维码组件的案例运行效果如图 7.2 所示。

图 7.2 二维码组件的案例运行效果

在图 7.2 中，使用 QRCode 组件显示二维码，并且通过 color 属性来控制二维码的颜色。使用移动设备扫描这两个二维码，会显示 "Hello, HarmonyOS" 的文本字样。

本节通过介绍二维码的基本概念、二维码组件的属性以及实战演练代码，详细展示了如何在鸿蒙应用项目中集成和显示二维码。这为开发者在开发需要快速信息交换功能的应用时，提供了重要的参考和指导。需要注意的是，二维码的扫描功能需要调用系统 API 或集成第三方库来实现，而本节内容未涉及扫描功能的实现。

# 7.3 弹窗组件

在鸿蒙应用的开发中，弹窗组件是一种重要的用户交互方式，它允许开发者在不离开当前页面的情况下向用户展示信息或请求用户进行某些操作。自定义弹窗组件则提供了更高的灵活性和定制性，允许开发者根据应用的需求设计独特的弹窗样式和功能。

## 7.3.1 组件介绍

自定义弹窗组件是鸿蒙操作系统提供的一种高级弹窗组件，它允许开发者通过编写 XML 布局文件和 Java/Kotlin（或鸿蒙的 JS 框架）代码来完全自定义弹窗的外观和行为。这种灵活性使自定义弹窗组件能够适用于各种场景，包括但不限于广告展示、中奖通知、警告信息、软件更新提示等。

### 1. 创建自定义弹窗

（1）@CustomDialog 装饰器用于装饰自定义弹窗，可以在此装饰器内进行自定义内容（也就是弹窗内容）。创建自定义弹窗的核心代码如下：

```
@CustomDialog
struct CustomDialogExample {
    controller: CustomDialogController
    build() {
        Column() {
```

```
      Text(' 我是内容 ')
        .fontSize(20)
        .margin({top: 10, bottom: 10})
      }
   }
}
```

（2）创建构造器，与装饰器相呼应，代码如下：

```
dialogController: CustomDialogController = new CustomDialogController({
    builder: CustomDialogExample({}),
})
```

（3）单击与 onClick 事件绑定的组件，使弹窗弹出，代码如下：

```
Flex({justifyContent:FlexAlign.Center}){
  Button('click me')
    .onClick(() => {
      this.dialogController.open()
    })
}.width('100%')
```

### 2. 弹窗的交互

（1）弹窗可用于数据交互，完成用户的一系列响应操作。可以在 @CustomDialog 装饰器内添加按钮操作，同时创建数据函数。代码如下：

```
@CustomDialog
struct CustomDialogExample {
  controller: CustomDialogController
  cancel: () => void
  confirm: () => void
  build() {
    Column() {
      Text(' 我是内容 ').fontSize(20).margin({top: 10, bottom: 10})
      Flex({justifyContent: FlexAlign.SpaceAround}) {
        Button('cancel')
          .onClick(() => {
            this.controller.close()
            this.cancel()
          }).backgroundColor(0xffffff).fontColor(Color.Black)
        Button('confirm')
          .onClick(() => {
            this.controller.close()
            this.confirm()
          }).backgroundColor(0xffffff).fontColor(Color.Red)
      }.margin({bottom: 10})
    }
  }
}
```

（2）页面内容需要在构造器内进行接收，同时创建相应的函数操作，代码如下：

```
dialogController: CustomDialogController = new CustomDialogController({
  builder: CustomDialogExample({
    cancel: this.onCancel,
    confirm: this.onAccept,
  }),
  alignment: DialogAlignment.Default, // 可设置 dialog 的对齐方式，设定显示在底端或中间等，
                                       // 默认底端显示
})
onCancel() {
    console.info('Callback when the first button is clicked')
}
onAccept() {
    console.info('Callback when the second button is clicked')
}
```

自定义弹窗作为一种高级弹窗组件，为开发者提供了强大的自定义能力。通过结合布局文件与框架特性，开发者可以灵活地设计弹窗的外观和交互行为，以满足各种用户交互场景的需求。

### 7.3.2 实现案例

弹窗组件在应用开发中的使用非常频繁。例如，当 App 上架应用市场时，通常要求在 App 首次启动时展示服务协议和隐私权限提示的弹窗。在 ArkUI 开发框架中，提供了两种显示弹窗的方式：一种是使用 @ohos.prompt 模块提供的 API，另一种是使用全局对话框 AlertDialog。弹窗组件实战演练代码如下（案例文件：第 7 章 /ExAlertDialog.ets）。

```
@CustomDialog
struct CustomDialogExample {
  controller: CustomDialogController
  cancel: () => void
  confirm: () => void
  build() {
    Column() {
      Text(' 我是内容 ').fontSize(20).margin({top: 10, bottom: 10})
      Flex({justifyContent: FlexAlign.SpaceAround}) {
        Button('cancel')
          .onClick(() => {
            this.controller.close()
            this.cancel()
          }).backgroundColor(0xffffff).fontColor(Color.Black)
        Button('confirm')
          .onClick(() => {
            this.controller.close()
            this.confirm()
          }).backgroundColor(0xffffff).fontColor(Color.Red)
      }.margin({bottom: 10})
    }
  }
}
@Entry
```

```
@Component
struct DialogExample {
  dialogController: CustomDialogController = new CustomDialogController({
    builder: CustomDialogExample({
      cancel: this.onCancel,
      confirm: this.onAccept,
    }),
    alignment: DialogAlignment.Default,    // 可设置弹窗组件的对齐方式，设置显示在底端或
                                           // 中间等，默认为底端显示
  })
  onCancel() {
    console.info('Callback when the first button is clicked')
  }
  onAccept() {
    console.info('Callback when the second button is clicked')
  }
  build() {
    Column(){
      Flex({ justifyContent: FlexAlign.Center
      }) {
        Button('click me')
          .onClick(() => {
            this.dialogController.open()
          })
          .margin({top:260})
      }.width('100%')
    }
  }
}
```

执行上述代码，弹窗组件的案例运行效果如图 7.3 所示。

图 7.3  弹窗组件的案例运行效果

由图 7.3 结合上述代码可知，通过定义一个 CustomDialogExample 结构体，利用 ArkUI 的组件（如 Column、Text、Button 等）来布局和构建弹窗的内容。在 CustomDialogExample 中，通过 CustomDialogController 的实例来管理弹窗的显示与关闭，并通过回调函数处理取消和确认操作。

在 CustomDialogExample 中，通过为按钮绑定 onClick 事件处理器，实现了单击 cancel 和 confirm 按钮时的行为定义，包括关闭弹窗和调用外部定义的回调函数（cancel() 和 confirm()）。在

DialogExample 中，通过定义 onCancel() 和 onAccept() 方法，实现了对取消和确认操作的进一步处理，如输出日志信息。

在实际开发中，弹窗组件的使用场景非常广泛，不仅限于服务协议和隐私权限提示。开发者可以根据应用的具体需求，创建各种类型的弹窗组件，如提示框、选择框、输入框等，以丰富应用的用户交互方式[24]。同时，随着 ArkUI 的不断发展和完善，相信会有更多强大的功能和组件被加入到框架中，为开发者提供更加丰富的选择。

## 7.4　评分条组件

在 ArkUI 开发框架中，评分条组件（Rating）是一种常用于收集用户反馈的 UI 元素，它允许用户通过单击或滑动来选择一个分数。这种组件在应用程序中十分常见，通常用于评价商品、服务或整体应用体验。虽然 ArkUI 的具体 API 和组件可能会随着版本的更新而有所变化，但评分条组件会提供基础的配置选项，如最大评分值、当前评分、是否允许半星评分等。

### 7.4.1　组件介绍

用户可以通过单击或滑动评分条上的图标（如星星）来选择想要的评分。当用户与评分条交互时，会提供视觉上的反馈，如高亮显示已选中的图标。评分条组件提供多种配置选项，以便开发者根据应用的需求进行定制。

#### 1. 定义评分条组件

评分条组件允许用户通过单击或滑动来选择一个分数，以此作为对商品、服务或应用体验的评价。这种组件能够直观地展示用户对某项内容或服务的满意度。定义评分条组件的代码如下：

```
interface RatingInterface {
  (options?: {rating: number; indicator?: boolean}): RatingAttribute;
}
```

评分条组件配置参数中的 rating 表示设置当前评分值，indicator 表示是否可以操作。当 indicator 设置为 true 时，表示评分条是一个指示条，不可操作；反之，当设置为 false 时，表示可以操作评分条。

#### 2. 评分条组件的属性

评分条组件的属性允许开发者根据需要定制评分条的行为和外观。

```
declare class RatingAttribute extends CommonMethod<RatingAttribute> {
  stars(value: number): RatingAttribute;
  stepSize(value: number): RatingAttribute;
  starStyle(value:{backgroundUri:string;foregroundUri:string;secondaryUri?:
  string}): RatingAttribute;}
```

上述代码中 stars 属性的作用是设置星星的总数，默认值为 5；stepSize 属性的作用是设置操作评级的步长，默认值为 0.5；starStyle 属性的作用是设置星星的样式。

starStyle 属性中的参数说明如下。

- backgroundUri：设置未选中的星星的图片路径，仅支持本地图片。
- foregroundUri：设置选中的星星的图片路径，仅支持本地图片。
- secondaryUri：设置部分选中的星星的图片路径，仅支持本地图片。

### 7.4.2　实现案例

假设开发者正在开发一个电商应用，其中需要用户对产品进行评价和打分，将使用评分条组件来实现这一功能。实现代码如下（案例文件：第 7 章 /ExRating.ets）。

```
@Entry
@Component struct RatingTest {
  @State rating: number = 1;
  build() {
    Column({space: 10}) {
      Rating({
        rating: this.rating,
        indicator: false
      })
        .margin({top:250})
        .width(220)
        .height(40)
        .stars(8)
        .stepSize(0.5)
        .onChange((value) => {
          this.rating = value;
        })
      Text(`总分数:${this.rating}`)
        .fontSize(22)
        .width(220)
    }
    .width('100%')
    .height("100%")
    .padding(10)
  }
}
```

执行上述代码，评分条组件的案例运行效果如图 7.4 所示。

**图 7.4　评分条组件的案例运行效果**

上述代码使用状态变量 @State rating: number = 1 定义了一个状态变量 rating，用于存储当前的评分值，并初始化为 1。使用评分条组件通过 rating 属性绑定了当前的评分值，将 indicator 设置为 false，允许用户与评分条进行交互。

通过本小节的实践，不仅掌握了如何使用 ArkUI 框架来实现评分功能，还深入理解了状态管理、事件处理和 UI 更新的原理。这些知识和技能对于开发任何类型的交互式应用都是至关重要的。在以后的项目中，可以根据实际需求进一步扩展和优化评分功能，如添加评分说明、限制评分范围和引入星级图标等。

---

## 7.5 本 章 小 结

本章深入介绍了鸿蒙开发中的高级组件，包括视频播放组件、二维码组件、弹窗组件和评分条组件等。这些组件不仅丰富了应用的功能，还提升了用户体验，使开发者能够更灵活地构建高质量、互动性强的应用。通过学习和实践这些组件，开发者可以更有效地在应用中嵌入视频内容、促进信息交互、引导用户操作及收集用户反馈，从而开发出更加优秀的应用作品。

# 第 8 章　HarmonyOS 低代码开发

HarmonyOS 低代码开发方式具有丰富的 UI 界面编辑功能，如基于图形化的自由拖放、数据的参数化配置等。它遵循 HarmonyOS 开发规范，通过可视化界面开发方式快速构建布局，有效降低用户的时间成本，同时提升用户构建 UI 界面的效率。

# 8.1 低代码开发概述

低代码开发（Low-Code Development）是一种软件开发方法，它允许开发者通过图形界面和配置而非传统的编写大量代码来创建应用程序。这种方法极大地简化了开发流程，使非专业开发者、业务分析师，甚至是最终用户也能参与到应用程序的开发过程中。HarmonyOS 作为华为推出的全场景分布式操作系统，其低代码开发平台集成了丰富的 UI 组件、数据模型管理工具和自动化代码生成机制，为开发者提供了高效、直观的开发体验[25]。

## 8.1.1 低代码开发的优势

低代码开发具有以下优势。

### 1. 降本

传统软件开发过程中，大量的时间和资源被用于编写和维护代码。低代码开发平台通过提供图形化界面和预制的组件库，使开发者可以通过拖放、配置而非编写代码的方式来构建应用，从而显著减少了人工编码的时间。这不仅加快了开发速度，而且还降低了对高技能程序员的依赖，从而降低了人力成本。

由于低代码开发平台的操作相对直观和简单，即使是非技术背景的人员也能快速上手。这意味着企业可以减少对新员工的技术培训投入，同时使更多的业务人员能够参与到应用开发中来，形成跨部门协作的新模式。这种转变降低了企业的整体培训成本。

低代码开发平台集成了项目管理、版本控制、团队协作等功能，使开发过程更加高效和有序。通过自动化的测试和部署流程，减少了人为错误和重复工作，提高了资源利用率。此外，平台还支持快速迭代和更新，使企业能够更快地响应市场变化，进一步降低了因技术过时或需求变更而产生的额外成本。

随着应用的不断运行和升级，传统的软件开发模式往往面临着高昂的维护成本。低代码开发平台通过提供模块化和可复用的组件，使应用的维护和升级变得更加容易和高效。同时，平台还支持自动化的性能监控和故障排查功能，进一步降低了维护成本。

### 2. 增效

低代码开发平台通过可视化的拖放界面和预置的组件库，使开发者可以快速构建出应用原型。这种方式大大缩短了从概念到可演示产品的时间，有助于快速验证想法并获取用户反馈。

低代码开发平台集成了自动化测试和部署流程，减少了手动操作的需求，提高了开发流程的自动化程度。这不仅加快了开发速度，还降低了人为错误的风险。支持敏捷开发方法，允许开发者快速迭代和更新应用。通过小步快跑的方式，企业可以更快地响应市场变化，满足用户需求。

低代码开发平台通过图形化界面和预置组件，使开发者可以快速构建应用，大大缩短了开发周期。根据统计数据，低代码开发在企业内部信息化应用上的效率提升高达 67%，这意味着一个人可以发挥出 2~3 人的工作效率。开发者可以通过简单的配置和拖放操作来复用这些资源，避免了重复编写样板代码的过程。其提供了自动化的测试和部署流程，减少了手动操作的时间和资源消耗。此外，通过快速迭代和反馈机制，企业可以更快地调整和优化应用，避免了造成浪费。

低代码开发平台降低了技术门槛，使业务人员也能参与到应用开发中。这种跨部门协作的方式有助于打破传统开发团队与业务部门之间的壁垒，促进信息的流通和共享。低代码开发平台支持多种角色参与开发过程,如业务分析师、UI 设计师、后端开发者等。通过明确的角色分工和协作机制,可以充分发挥每个人的专长,提高整体开发效率。其支持实时预览和修改功能,使团队成员可以在开发过程中及时查看和反馈应用效果。这种实时反馈机制有助于快速发现和解决问题,从而提高开发质量。

### 3. 提质

低代码开发平台遵循行业内的最佳实践和标准规范,确保开发出的应用具备较高的质量和安全性。这些规范包括代码质量、安全性、可维护性等方面的要求,有助于提升产品的整体质量。集成了自动化测试和验证工具,可以在开发过程中自动进行单元测试、集成测试等,确保每个开发阶段的质量。这有助于及时发现和修复问题,降低后期维护的难度和成本。

低代码开发平台支持一次开发、多端发布的功能,可以让应用程序适配不同的设备和平台,保持 UI、交互、功能的一致性。这有助于提升应用的可用性和用户体验,使用户无论在哪个设备上都能获得一致且流畅的使用体验。

低代码开发在提质方面的优势主要体现在提高产品质量、提升用户体验、增强应用稳定性和可靠性,以及拓展功能和效果等多个方面。这些优势有助于企业开发出更高质量、更可靠、更实用的应用产品,满足市场和用户的需求。

低代码开发不仅提高了开发效率和速度、降低了开发成本、增强了可维护性和可扩展性,还促进了业务与技术的融合、推动了企业的数字化转型进程。这些价值使低代码开发成为企业数字化转型过程中不可或缺的重要工具。

### 8.1.2 低代码开发界面介绍

低代码开发界面是低代码开发平台的核心组成部分,它提供了一套直观、易用的工具,使开发者可以通过图形化界面和简单的配置来构建应用程序,而无须编写大量的代码。低代码开发界面如图 8.1 所示。

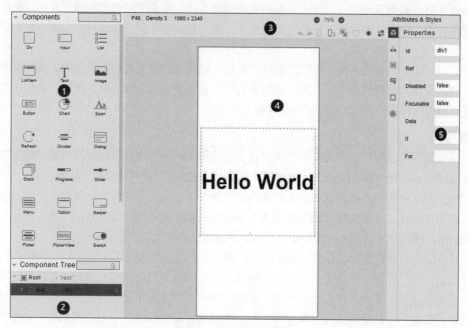

图 8.1 低代码开发界面

在图 8.1 中,低代码开发界面包含以下几个主要部分。

① UI 控件栏:可以将相应的组件选中并拖动到画布(Canvas)中,实现控件的添加。

② 组件树：开发者可以直观地看到组件的层级结构、摘要信息和错误提示。通过选中组件树中的组件（画布中对应的组件被同步选中），可以实现画布内组件的快速定位；单击组件后的 👁 / 👁‍🗨 图标，可以隐藏 / 显示相应的组件。

③ 功能面板：包括常用的画布缩小 / 放大、撤销、显示 / 隐藏组件虚拟边框、设备切换、明暗模式切换、Media query 切换、可视化布局界面一键转换为 hml 和 css 文件等。

④ 画布：开发者可在此区域对组件进行拖放、拉伸等可视化操作，构建 UI 界面布局效果。

⑤ 属性样式栏：选中画布中的相应组件后，在右侧属性样式栏中可以对该组件的属性样式进行配置，包括各种区域，详细介绍见表 8.1。

表 8.1　属性样式栏内区域属性

| 属　　性 | 概　　　　　述 |
| --- | --- |
| Properties | 对应 🎁 图标，用于设置组件基本标识和外观显示特征的属性，如组件的 ID、If 等属性 |
| General | 对应 ♣ 图标，用于设置 Width、Height、Background、Position、Display 等常规样式 |
| Feature | 对应 ❀ 图标，用于设置组件的特有样式，如描述 Text 组件文字大小的 FontSize 样式等 |
| FeatureFlex | 对应 ▥ 图标，用于设置 Flex 布局相关样式 |
| Events | 对应 � 图标，为组件绑定相关事件，并设置绑定事件的回调函数 |
| Dimension | 对应 □ 图标，用于设置 Padding、Border、Margin 等与盒式模型相关的样式 |
| Grid | 对应 ⋮⋮⋮ 图标，用于设置 Grid 网格布局相关样式。该图标只有 Div 组件的 Display 样式被设置为 grid 时才会出现 |
| Atomic | 对应 ⚙ 图标，用于设置原子布局相关样式 |

HarmonyOS 低代码开发平台通过图形化界面和预置组件，显著降低了开发成本和时间。它减少了对高技能程序员的依赖，使非技术人员也能参与开发，从而降低了培训成本。同时，低代码开发平台集成了项目管理、版本控制和自动化测试等功能，提升了开发效率和资源利用率，并通过模块化和可复用组件降低了维护成本。

总的来说，低代码开发提高了企业的开发效率、降低了成本、提升了产品质量，推动了企业的数字化转型。

## 8.2　低代码应用开发

使用低代码开发应用或服务有两种方式：第一种是创建一个支持低代码开发的新工程，开发应用或服务的 UI 界面；第二种是在已有工程中创建 Visual 文件开发应用或服务的 UI 界面。

### 8.2.1　创建新工程

工程模板中提供了低代码开发的选项，可以直接选择一个支持低代码开发的模板，用于构建应用或服务的用户界面。

下面以创建 Empty Ability 工程模板为例进行说明。

（1）打开 DevEco Studio 后，创建一个新的工程，并选择 Empty Ability 模板，如图 8.2 所示。

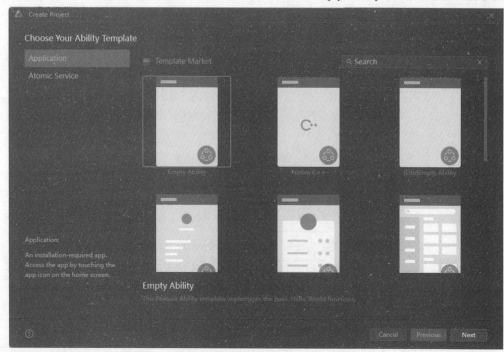

图 8.2　选择 Empty Ability 模板

（2）打开 Enable Super Visual，表示将使用低代码开发功能来开发应用 / 服务。单击 Finish 按钮，等待工程同步完成，如图 8.3 所示。

图 8.3　等待工程同步完成

（3）工程同步完成后，工程目录中自动生成低代码目录结构，如图 8.4 所示。

图 8.4　低代码目录结构

在图 8.4 中，pages → Index.ets 是低代码页面的逻辑描述文件，定义了页面中所用到的所有逻辑关系，如数据、事件等。supervisual → pages → Index.visual 是存储低代码页面的数据模型，双击该文件即可打开低代码页面，进行可视化开发设计。如果创建了多个低代码页面，则 pages 目录下会生成多个页面文件夹及对应的 visual 文件。

（4）打开 Index.visual 文件，即可进行页面的可视化布局设计与开发，如图 8.5 所示。

图 8.5　可视化布局设计与开发

在开发低代码界面时，如果界面需要使用到其他暂不支持可视化布局的控件，则可以在低代码界面开发完成后，单击 按钮，将低代码界面转换为 ArkTS 代码。注意，代码转换操作会删除 visual 文件及其父目录，且为不可逆过程。

## 8.2.2　在已有工程中添加 Visual 文件

在现有的 HarmonyOS 工程中，可以通过创建 Visual 文件来使用低代码开发应用或服务的 UI 界面。需要注意的是，compileSdkVersion 必须为 7 或以上。如果使用 ArkTS 进行低代码开发，那么 compileSdkVersion 必须为 8 或以上。

（1）在打开的工程中，选中模块下的 pages 文件夹，右击并执行 New → Visual → Page 命令，如图 8.6 所示。

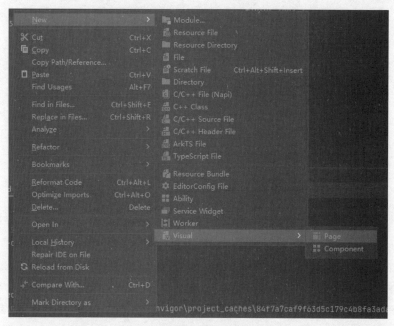

图 8.6　新建文件

（2）在弹出的对话框中输入 Visual name，然后单击 Finish 按钮。创建 Visual 文件后，在工程中会自动生成低代码目录结构，如图 8.7 所示。

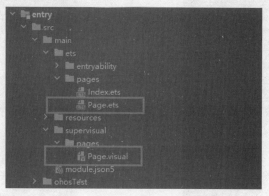

图 8.7　低代码目录结构

（3）打开 Page.visual 文件，即可进行页面的可视化布局设计与开发。

## 8.3　使用低代码创建服务卡片

DevEco Studio 还支持使用低代码开发功能创建服务卡片，但要求 compileSdkVersion 必须为 9 或以上。

以下是创建一个新服务卡片的步骤。

（1）打开一个工程，选择模块（如 entry 模块）下的任意文件，然后选择菜单栏中的 File → New → Service Widget 命令创建服务卡片。

（2）在 Choose Your Ability Template（选择卡片模板）页面中选择卡片模板并单击 Next 按钮，如图 8.8 所示。

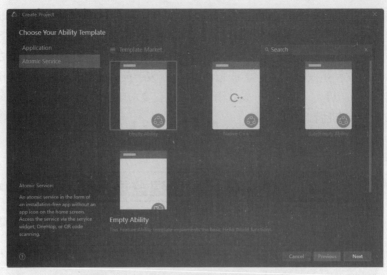

图 8.8 Choose Your Ability Template 页面

（3）选择完毕即可创建低代码元服务工程，如图 8.9 所示。

图 8.9 创建低代码元服务工程

单击 Finish 按钮，完成服务卡片的创建。服务卡片创建完成后，在工程目录中自动生成服务卡片的低代码目录结构。打开 Index.visual 文件，即可进行服务卡片的可视化设计与开发，如图 8.10 所示。

图 8.10 低代码目录结构

本小节介绍了如何在 DevEco Studio 中利用低代码开发功能快速创建并设计服务卡片，这是 HarmonyOS 应用开发中的一个重要特性。通过简单的步骤，如选择模块、单击新建服务卡片、选择模板并完成创建，开发者可以轻松搭建起服务卡片的框架。创建后，工程目录中自动生成低代码目录结构，其中 Index.visual 文件是核心，它支持可视化设计与开发，使开发者无须编写大量代码即可实现丰富、动态的服务卡片界面，极大地提高了开发效率。这一过程要求项目的 compileSdkVersion 为 9 或以上，确保了应用的兼容性和最新特性的支持。

## 8.4  使用低代码创建登录页面

在 HarmonyOS 中，使用低代码开发技术构建登录页面是一个高效且便捷的过程。本节将详细介绍如何使用 DevEco Studio 的低代码开发功能来创建一个简单的登录页面。

### 8.4.1  添加静态文件

在完成低代码项目的创建后，初始项目目录结构如下：

```
├── entry/src/main/ets                      // 代码区
│   ├── entryability
│   │   └── EntryAbility.ets                // 程序入口类
│   └── pages
│       └── Index.ets                       // 首页的逻辑描述文件
├── entry/src/main/resources                // 资源文件
└── entry/src/main/supervisual
    └── pages
        └── Index.visual                    // 首页的数据模型
```

其中，.ets 文件用于编写界面逻辑；.visual 文件是低代码项目特有，由系统根据开发者对界面的可视化设计自动更新。当使用写字板程序打开时，可以看到其中存储的是界面设计的 json 文本。

在 ets 文件夹下创建 common/images/icon 文件夹，并将需要的图片文件添加到 icon 文件夹中。创建后的目录结构如图 8.11 所示。

本案例使用了 1 个"其他登录方式"的图标，其添加的图标图片如图 8.12 所示。

图 8.11  创建后的目录结构

图 8.12  图标图片

### 8.4.2  编写登录页界面

在完成静态文件的添加后，打开 Visual 文件，删除模板页面中的控件，即可开始编写登录页面。

### 1. 放置容器组件

拖动 Column（列）容器到页面中，并设置 Width（宽度）和 Height（高度）均为 100%（占满全屏），如图 8.13 所示。

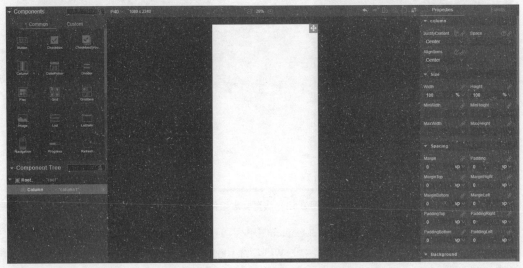

图 8.13　放置容器组件

### 2. 放置图标图片

在 Column 容器中拖入一个 Row 容器，并设置 Width 为 100%，Height 为 100vp，水平和垂直居中对齐，Position（位置）设置为绝对定位，距离页面上方 95vp。然后在 Row 容器中拖入 Image 组件（图标图片），并设置 Image 组件的 Width 和 Height 均为 100vp（与 Row 容器的 Height 值相同），如图 8.14 所示。

图 8.14　放置图标图片

将图标图片的 Src（图标图片存储路径）设置为应用自带的默认图标。至此，登录页面应用图标即可成功显示。

### 3. 放置文本组件

这里使用的是 Text 组件，需要填写文字内容、定义字体大小和组件的位置。拖动两个 Text 组件到 Row 容器下面，如图 8.15 所示。

图 8.15　放置文本组件

在图 8.15 中，设置第一个 Text 组件的 Content（内容）为"用户登录"，FontSize（字体大小）为 26fp，TextAlign（字体对齐）为 Center（居中），Width 为 100%，Height 为 50vp，Position 设置绝对定位，距离页面顶部为 200vp。设置第二个 Text 组件的 Content 为"登录账号以使用更多服务"，FontSize 为 14fp，TextAlign 为 Center，Width 为 100%，Height 为 30vp。

**4. 放置账号密码输入框组件**

放置两个 TextInput 组件（文本输入）实现账号和密码的输入。下方的"短信验证码登录"和"忘记密码"使用普通的 Text 组件来实现，并让这两个普通的 Text 组件并列在一行，一个左对齐，另一个右对齐即可，如图 8.16 所示。

图 8.16　放置账号密码输入框组件

其实现的具体步骤如下。

（1）添加账号和密码的 TextInput 组件。拖入第一个 TextInput 组件，用于输入账号，并设置其宽度、高度、位置和对齐方式。拖入第二个 TextInput 组件，用于输入密码，并设置其宽度、高度、位置和对齐方式。

（2）添加"短信验证码登录"和"忘记密码"的 Text 组件。拖入一个 Row 容器，用于包含这两个 Text 组件。在 Row 容器中拖入第一个 Text 组件，并设置其内容为"短信验证码登录"，对齐方式为左对齐。

在 Row 容器中拖入第二个 Text 组件，并设置其内容为"忘记密码"，对齐方式为右对齐。

### 5. 放置登录按钮组件

按钮部分放置一个 Button 组件（按钮），再在按钮下方拖入一个 Text 组件即可，如图 8.17 所示。

图 8.17　放置登录按钮组件

在图 8.17 中，设置 Button 组件（用于用户登录）的 Width 为 100%、Height 为 50vp、Content 为"登录"、对齐方式为居中对齐、FontSize 为 20fp、Position 为绝对定位、距离左侧为 5%、距离顶部为 530vp。

设置下方的 Text 组件（用于注册账号）的 Content 为"注册账号"、对齐方式为居中对齐、FontSize 为 16fp、Width 为 100%、Height 为 50vp、Position 为绝对定位、距离顶部为 570vp。

### 6. 放置 Grid 控件

实现登录方式部分需要一个 Grid 组件（网格），其中包含若干个 GridItem（子元素），以便于根据后端传值的数目动态显示登录方式，而不是固定登录方式。

首先添加一个 Grid 组件。在 Grid 组件中，使用循环或其他逻辑根据后端传值的数目生成相应的 GridItem 组件。每个 GridItem 内放置一个 Row 容器。在每个 Row 容器内，上方放置一个 Image 组件，下方放置一个 Text 组件。通过这种方式，可以根据传入的数据动态显示不同的登录方式，如图 8.18 所示。

图 8.18　放置 Grid 控件

在图 8.18 中，实现页面需求需要拖入一个 Grid 组件，并设置 Width 为 98%、Height 为 76.01vp、距离顶部为 90%。

在 Grid 组件中添加一个动态显示的 GridItem 组件，并设置 Width 为 33.3%、Height 为 100%（相对于 Grid 组件）。

在每个 GridItem 组件中放置一个 Row 容器，并在 Row 容器内上方添加一个 Image 组件，下方添加一个 Text 组件。设置图片路径（Src）为使用编译器自带的 Logo、ObjectFit（对象适应方式）为 Contain（包含）、Width 为 70%、Height 为 56%、MarginTop（距离上边距）为 10%。

通过以上设置，每个 GridItem 组件将显示一个 Logo 图片和一个测试文字，并根据传入的数据动态生成多个 GridItem。

### 8.4.3　低代码页面转换为 ArkTS 代码

鸿蒙低代码开发平台的兴起允许开发者通过图形化界面快速搭建应用界面，而无须深入编写代码。但在某些情况下，开发者可能希望将低代码开发平台生成的页面转换为 ArkTS 文件，以便进行更精细的控制或集成到更大的项目中。

通过低代码开发平台设计好页面样式后，即可将其转换为 ArkTS 代码，操作十分方便。如图 8.19 所示，只需单击右上角的转换按钮即可。

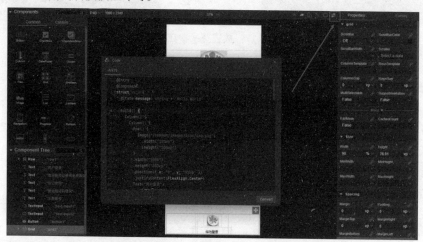

图 8.19　低代码页面转换为 ArkTS 代码

确认转换后即可生成如下代码，将自动覆盖到同名的 .ets 文件中（案例文件：第 8 章 /ExStack.ets）。

```
@Entry
@Component
struct Page {
  @State message: string = 'Hello World'
  build() {
    Column() {
      Column() {
        Row() {
          Image("/common/images/icon/img.png")
            .width("100vp")
            .height("100vp")
        }
        .width("100%")
        .height("100vp")
        .position({x: "0", y: "95vp"})
        .justifyContent(FlexAlign.Center)
        Text("用户登录")
```

```
    .width("100%")
    .height("50vp")
    .position({x: "0", y: "200vp"})
    .textAlign(TextAlign.Center)
    .fontSize("26fp")
Text(" 登录账号以使用更多服务 ")
    .width("100%")
    .height("30vp")
    .position({x: "0", y: "250vp"})
    .fontColor("#808080")
    .textAlign(TextAlign.Center)
    .fontSize("14fp")
Text(" 忘记密码 ")
    .width("150vp")
    .height("40vp")
    .offset({x: "105vp", y: "99.68vp"})
    .fontSize("14fp")
Text(" 短信验证码登录 ")
    .width("150vp")
    .height("40vp")
    .offset({x: "-87.68vp", y: "59.2vp"})
    .fontSize("14fp")
Text(" 注册账号 ")
    .width("150vp")
    .height("40vp")
    .offset({x: "0vp", y: "214.86vp"})
    .textAlign(TextAlign.Center)
    .fontSize("14fp")
TextInput({placeholder: " 密码 "})
    .width("100%")
    .height("50vp")
    .position({x: "0vp", y: "350.52vp"})
    .type(InputType.Password)
TextInput({ placeholder: " 用户名 " })
    .width("100%")
    .height("50vp")
    .position({x: "0vp", y: "288.5vp"})
Button(" 登录 ")
    .width("90%")
    .height("40vp")
    .offset({x: "0vp", y: "129.43vp"})
    .fontSize("20fp")
Grid() {
  GridItem() {
    Row() {
      Image("/common/images/icon/img.png")
        .width("54.81%")
        .height("57.9%")
        .offset({x: "31vp", y: "-13.51vp"})
      Text(" 华为登录 ")
        .width("144.83vp")
```

```
            .height("32.41vp")
            .offset({x: "-78.33vp", y: "28.56vp"})
            .textAlign(TextAlign.Center)
            .fontSize("12fp")
        }
        .width("124.67vp")
        .height("100%")
        .offset({x: "-7vp", y: "0vp"})
    }
    .width("33.3%")
    .height("100%")
    .offset({x: "0vp", y: "0vp"})
  }
  .width("98%")
  .height("76.01vp")
  .position({x: "4.2vp", y: "90%"})
}
.width("100%")
.height("100%")
.justifyContent(FlexAlign.Center)
    }
    .width("100%")
    .height("100%")
  }
}
```

执行上述代码，运行效果如图 8.20 所示。

**图 8.20　低代码页面 ArkTS 代码运行效果**

由图 8.20 结合上述代码可知，ArkTS 代码体现了低代码开发在快速构建应用界面上的高效性和便利性。通过低代码开发平台设计页面样式后，用户只需单击界面右上角的转换按钮，即可将设计好的页面自动生成相应的 ArkTS 代码，并覆盖到同名的 .ets 文件中。转换后的代码示例展示了一个简单的用户登录界面，包括图片、文本、输入框和按钮等。

## 8.5 本 章 小 结

本章介绍了 HarmonyOS 低代码开发的基础和实践。首先讨论了低代码开发的优势和界面功能；然后讲解了如何在新工程和现有工程中支持低代码开发；随后通过具体案例展示了低代码开发服务卡片和登录页面的实现；最后解释了如何将通过低代码开发生成的页面转换为 ArkTS 代码。

本章内容展示了低代码开发在提升开发效率和简化流程方面的强大功能。

# 实践篇

# 第 **9** 章 HarmonyOS 端云一体化开发

在数字化转型的浪潮中，智能终端与云端服务的深度融合已成为不可逆转的趋势。HarmonyOS作为华为自主研发的分布式操作系统，不仅致力于提升设备间的互联互通能力，更在推动端云一体化开发方面迈出了坚实的一步。本章将深入探讨 HarmonyOS 端云一体化开发的核心概念、技术架构、应用场景和实践方法，为开发者们揭开这一前沿技术领域的神秘面纱。

# 9.1　端云一体化概述

DevEco Studio 的端云一体化开发是指通过集成 AppGallery Connect 的认证服务和云函数服务，开发者可以在创建工程时选择云开发模板，实现端端一体化协同开发。这使开发者可以在 DevEco Studio 中进行认证服务的集成，以及云函数的开发和管理 [26]。

为丰富 HarmonyOS 对云端开发的支持、实现端云联动，DevEco Studio 推出了云开发功能。开发者在创建工程时选择云开发模板，即可在 DevEco Studio 内同时完成 HarmonyOS 应用 / 元服务的端侧与云侧开发，体验端云一体化协同开发。

## 9.1.1　端云一体化开发特点

HarmonyOS 作为华为推出的全场景分布式操作系统，其端云一体化开发特点尤为突出，为开发者提供了更加高效、灵活、智能的开发环境。端云一体化开发的特点详细介绍如下。

### 1. 无缝连接与高效协同

端云一体化开发的核心在于实现设备端（如智能手机、智能穿戴、智能家居等）与云端（云计算平台、数据中心等）之间的无缝连接与高效协同。HarmonyOS 通过分布式技术，使设备端与云端能够实时同步数据、共享资源，从而为用户提供更加流畅、一致的使用体验。这种无缝连接与高效协同不仅提升了系统的整体性能 [27]，还降低了开发者的维护成本。

### 2. 统一开发框架

HarmonyOS 为开发者提供了统一的开发框架，支持跨设备、跨平台的应用开发。这意味着开发者可以使用同一套代码库，在不同类型的设备上实现应用的快速部署和更新。这种统一开发框架极大地简化了开发流程，提高了开发效率，同时也降低了应用在不同设备上的兼容性问题。

### 3. 强大的云端支持

HarmonyOS 与华为云服务紧密集成，为开发者提供了强大的云端支持。开发者可以利用云端的计算资源、存储资源和数据分析能力，实现应用的快速响应、高效运行和智能决策。同时，云端还支持应用的远程更新、故障排查和性能优化等功能，为开发者提供了全方位的技术支持和服务保障。

### 4. 智能场景化应用

端云一体化开发使 HarmonyOS 能够根据不同场景的需求，智能地调度设备端和云端的资源，为用户提供更加个性化的服务。例如，在智能家居场景中，HarmonyOS 可以根据用户的习惯和需求，自动调整家居设备的状态；在出行场景中，则可以根据实时路况和交通信息为用户提供最优的出行方案。这种智能场景化应用不仅提升了用户体验，还推动了物联网技术的广泛应用和发展。

### 5. 安全与隐私保护

在端云一体化开发的过程中，HarmonyOS 高度重视用户数据的安全与隐私保护。通过采用先进的加密技术和安全协议，确保用户数据在传输和存储过程中的安全性和完整性。同时，HarmonyOS 还提供了丰富的安全策略和权限管理机制，允许用户自主控制应用对数据的访问权限，从而保障用户的隐私权益不受侵犯。

相比于传统开发模式，云开发模式具备成本低、效率高、门槛低等优势，具体区别见表 9.1。

表 9.1　云开发模式与传统开发模式的区别

| 区　别 | 传统开发模式 | 云开发模式 |
|---|---|---|
| 开发工具 | 端侧与云侧各需一套开发工具，云侧需自建服务器，工具成本高 | DevEco Studio 一套开发工具即可支撑端侧与云侧同时开发，无须搭建服务器，工具成本低 |
| 开发人员 | 端侧与云侧要求不同的开发语言，技能要求高。<br>需多人投入，且开发人员之间需持续、准确地沟通，人力与沟通成本高、效率低 | 依托 AppGallery Connect（以下简称 AGC）Serverless 云服务开放的接口，端侧开发人员也能轻松地开发云侧代码，大大降低了开发门槛。<br>开发人员数量少、人力成本低、沟通效率高 |
| 运维 | 需自行构建运营与运维能力，成本高、负担重 | 直接接入 AGC Serverless 云服务，无运维成本，不会造成资源浪费 |

传统开发模式与云开发模式在多个关键方面存在显著差异。在传统开发模式中，端侧与云侧通常需要使用不同的开发工具，并且需要自行构建服务器。这不仅增加了工具成本，也提高了技术门槛。同时，端侧与云侧的开发人员需要掌握不同的开发语言，这增加了对技能的要求，导致开发团队规模扩大，沟通成本增加，进而降低了开发效率。

而在云开发模式下，如 HarmonyOS 所采用的 DevEco Studio 工具，能够同时支持端侧与云侧的开发，从而降低了工具成本。通过 AGC Serverless 云服务开放的接口，端侧开发人员可以轻松地进行云侧开发，这降低了开发门槛，减少了开发人员数量，并提高了团队间的沟通效率和整体开发效率。此外，云开发模式还通过直接接入 AGC Serverless 云服务，实现了免运维，从而避免了高昂的运维成本和资源浪费。

总体而言，云开发模式以其高效、灵活、低成本的优势，正在逐步取代传统开发模式，成为软件开发领域的主流趋势。

### 9.1.2　端云一体化开发流程

在端云一体化开发流程中，首先使用 DevEco Studio 创建工程，并选择一个合适的云开发模板（如通用云开发模板或商城模板），并配置工程的基本信息，如名称和类型。随后，开发者需要将华为开发者账号下的云开发资源与工程关联，将 AGC 中的同包名应用与当前工程绑定。这一过程自动触发一系列初始化配置，包括开通云开发相关的 Serverless 服务、集成必要的 SDK 和组件，确保端侧与云侧能够顺畅交互。

进入开发调试阶段，开发者在端侧工程下编写和调试应用业务代码，同时可集成端云一体化组件（目前支持登录组件），以简化登录、支付等功能的实现。在云侧，开发者需要开发并调试云函数与云数据库，包括函数的创建、调试、部署，以及设置数据库对象类型和数据管理。

开发完成后，端侧工程通过打包生成 App，准备在 AGC 云端上架发布。而云侧工程则通过 DevEco Studio 提供的一键部署功能快速部署至 AGC 云端，实现应用的云端服务配置与管理。这一流程极大地简化了端云一体化开发的复杂度，提升了开发效率。HarmonyOS 应用端云一体化开发流程如图 9.1 所示。

在图 9.1 中，整个端云一体化开发流程旨在简化开发复杂度，提升开发效率，通过端侧与云侧的无缝对接，为应用提供更加丰富和强大的功能支持。

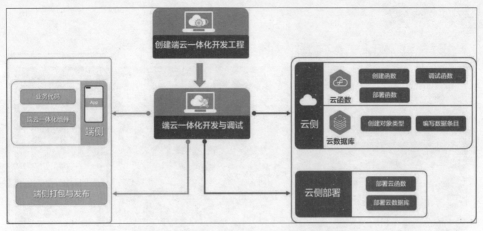

图 9.1　HarmonyOS 应用端云一体化开发流程

## 9.2　创建端云一体化开发工程

目前，DevEco Studio 提供了两种云开发工程模板：通用云开发模板和商城模板。开发者可以根据工程向导轻松创建端云一体化开发工程，并自动生成对应的代码和资源模板。

### 9.2.1　选择云开发模板

选择任一种方式，打开工程向导界面，如图 9.2 所示。

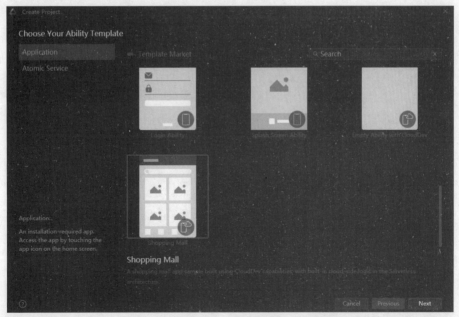

图 9.2　工程向导界面

如果当前未打开任何工程，则可以在 DevEco Studio 的欢迎页单击 Create Project 按钮，创建一个新工程。如果已经打开了工程，则可以在菜单栏中执行 File → New → Create Project 命令创建新工程。在 Application 标签页中，选择需要的云开发模板（下面以商城模板为例），然后单击 Next 按钮。

### 9.2.2 配置工程信息

在工程配置界面配置工程的基本信息，如图 9.3 所示。

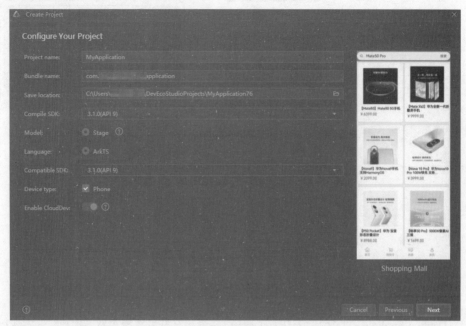

图 9.3　配置工程的基本信息

配置完工程的基本信息后，单击 Next 按钮，开始关联云开发资源。

### 9.2.3 关联云开发资源

为工程关联云开发所需的资源，需要在 DevEco Studio 中选择华为开发者账号加入的开发者团队，并将该团队在 AGC 中的同包名应用关联到当前工程。如果尚未登录 DevEco Studio，则单击 Sign in 按钮，在弹出的账号登录页面使用已实名认证的华为开发者账号完成登录，如图 9.4 所示。

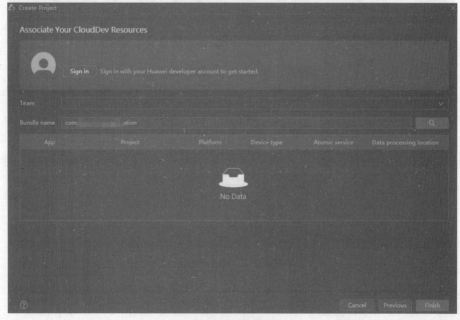

图 9.4　登录 DevEco Studio

登录成功后，界面将展示账号昵称，如图 9.5 所示。

图 9.5　DevEco Studio 登录成功

登录账号后，即可单击 Team 下拉列表，选择开发者团队，如图 9.6 所示。

图 9.6　选择开发者团队

选择开发者团队后，系统根据工程包名在该团队中自动查询 AGC 中的同包名应用，如图 9.7 所示。如果查询到应用，则选中该应用，单击 Finish 按钮即可。

图 9.7　查询应用

完成以上操作后，DevEco Studio 即可获取到同包名应用信息。选中应用后，单击 Finish 按钮即可创建工程项目。在主开发界面可以查看刚刚新建的工程，如图 9.8 所示。

综上所述，在 DevEco Studio 中关联云开发资源的步骤包括登录华为开发者账号、选择开发者团队，系统将根据团队中的包名自动查询 AGC 中的同包名应用。选中相关应用后，单击 Finish 按钮即可完成资源关联并创建项目，随后可以在主开发界面查看新建的工程。

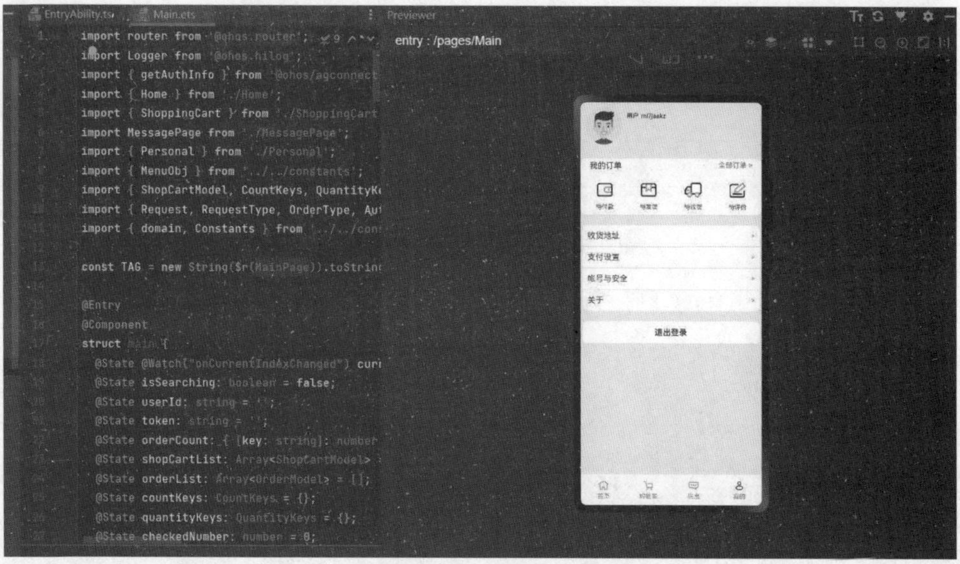


图 9.8　查看新建的工程

## 9.3　端云一体化组件

创建端云一体化项目后，只需进行简单配置即可向应用用户提供登录、支付等众多功能。这是端云一体化开发模式的一个显著特点。

首先，确保项目中的 oh-package.json5 文件包含如下登录依赖，如图 9.9 所示。

```
"@ohos/agconnect-auth-component": "^1.0.5"
```

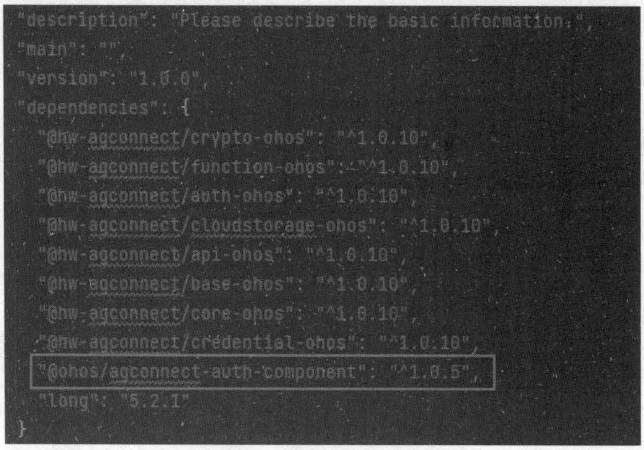

```
"description": "Please describe the basic information.",
"main": "",
"version": "1.0.0",
"dependencies": {
  "@hw-agconnect/crypto-ohos": "^1.0.10",
  "@hw-agconnect/function-ohos": "^1.0.10",
  "@hw-agconnect/auth-ohos": "^1.0.10",
  "@hw-agconnect/cloudstorage-ohos": "^1.0.10",
  "@hw-agconnect/api-ohos": "^1.0.10",
  "@hw-agconnect/base-ohos": "^1.0.10",
  "@hw-agconnect/core-ohos": "^1.0.10",
  "@hw-agconnect/credential-ohos": "^1.0.10",
  "@ohos/agconnect-auth-component": "^1.0.5",
  "long": "5.2.1"
}
```

图 9.9　引入登录依赖

引入组件的实现代码如下：

```
import {Login, AuthMode} from "@ohos/agconnect-auth-component";
```

集成组件的实现代码如下：

```
Column() {
```

```
      Login({
          modes:[AuthMode.PASSWORD,AuthMode.PHONE_VERIFY_CODE, AuthMode.MAIL_
          VERIFY_CODE],
        onSuccess: (user) => {
          AlertDialog.show({
            title: 'authInfo',
            message: JSON.stringify(user)
          })
        }
      }){
        Text('Login').decoration({type: TextDecorationType.Underline});
      }
}
```

登录组件的实现代码如下（案例文件：第 9 章 /ExDuanyun.ets）：

```
import Logger from '@ohos.hilog';
import {GoodsList, SearchContainer} from '../../components';
import {GoodModel} from '../../model';
import {Request, RequestType, Triggers} from '../../api';
import {domain, searchText, Constants} from '../../constants';
import {Login, AuthMode} from "@ohos/agconnect-auth-component";
const TAG = new String($r('app.string.Home')).toString();
@Component
export struct Home {
  @State recommendHint: string = searchText;
  @State searchInput: string = '';
  @Link token: string;
  @Link @Watch("onSearchChanged") isSearching: boolean;
  @State searchResult: Array<GoodModel> = [];
  private controller: SearchController = new SearchController();
  onSearchChanged() {
    Logger.info(domain, TAG, "search state changed " + this.isSearching);
  }
  async getSearchResult(keyword) {
    let params = {
      "keyword": keyword
    };
    let res = await Request.invokeWithToken(Triggers.Commodity, this.token,
    RequestType.Search, params);
    // 展示搜索列表
    this.isSearching = true;
    this.searchResult = res;
  }
  build() {
    Column() {
      Login({
          modes:[AuthMode.PASSWORD,AuthMode.PHONE_VERIFY_CODE, AuthMode.MAIL_
          VERIFY_CODE],
```

```
      onSuccess: (user) => {
        AlertDialog.show({
          title: 'authInfo',
          message: JSON.stringify(user)
        })
      }
    }){
      Text('Login').decoration({type: TextDecorationType.Underline});
    }
  }
  .backgroundColor($r('app.color.page_background'))
  }
}
```

执行上述代码，运行效果如图 9.10 所示。

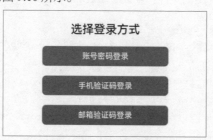

图 9.10  登录组件案例

通过配置 oh-package.json5 文件中的登录依赖，并使用 @ohos/agconnect-auth-component 提供的 API，能够轻松实现多种认证模式的登录组件。上述代码展示了如何在应用中嵌入登录组件，并处理用户登录成功后的信息显示。通过这些简单的步骤，可以为用户提供无缝的登录体验，同时确保项目能够快速集成各种认证方式。

## 9.4  本章小结

本章介绍了 HarmonyOS 端云一体化开发的核心理念与实践方法，通过详细介绍 DevEco Studio 的云开发功能、端云协同特点和具体开发流程，展示了如何高效构建跨端协作的应用生态。借助统一的开发框架、强大的云端支持及便捷的工具链，开发者可以轻松实现端侧与云侧的无缝连接，推动智能场景化应用的实现。同时，在安全性和开发效率上获得显著提升，为数字化转型注入新动能。

# 第 **10** 章　实战项目——"生活圈记"

　　在快节奏的现代生活中，有效的时间管理和有序的个人生活规划成了我们追求高效与幸福不可或缺的一部分。通过本章的实战项目，读者不仅能够学习到移动应用开发的基本流程和技术要点，如界面设计、数据库管理、用户交互逻辑等，还能深入理解如何根据用户需求设计功能，以及如何通过技术手段优化用户体验。本章将带领读者通过实战项目——"生活圈记"应用，全面了解移动应用开发的实际操作（本项目工程案例见资源包：第 10 章）。

# 10.1　项目介绍

"生活圈记"应用旨在帮助用户记录生活中的重要事件、安排待办事项，并通过直观的界面展示便捷的操作方式，提升用户的时间管理和生活规划效率。

### 1. 项目背景

随着社会节奏的加快，越来越多的人希望能够更好地管理自己的时间和生活，记住重要的事情、安排日常任务、记录生活的点滴等。然而，市面上的许多应用功能繁杂，用户往往会因为冗余的功能而感到困惑。针对这一痛点，"生活圈记"项目应运而生。该应用旨在提供一个简单、高效的工具，帮助用户记录日常生活中的重要事件和待办事项，使他们能够轻松管理自己的时间和生活。

### 2. 项目目标

本项目的主要目标是开发一款用户友好的移动应用，满足用户记录生活点滴与管理待办事项的需求。具体目标：为用户提供直观的界面设计和简单的操作流程，使用户能快速上手使用；提供强大的待办事项管理功能，帮助用户合理安排时间，提高生活和工作的效率。

# 10.2　创建应用

在确定了项目的目标和需求之后，接下来是应用创建的阶段。这一阶段涉及从项目初始化到基本框架搭建的全过程。

在创建项目页面选择创建传统应用，选择空模板进行创建，如图 10.1 所示。

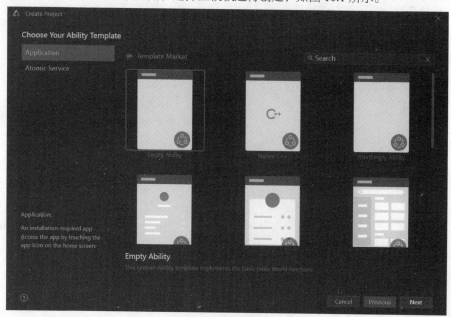

图 10.1　创建应用

选择要创建的应用后，等待约 1 分钟，即可自动创建空工程项目，如图 10.2 所示。

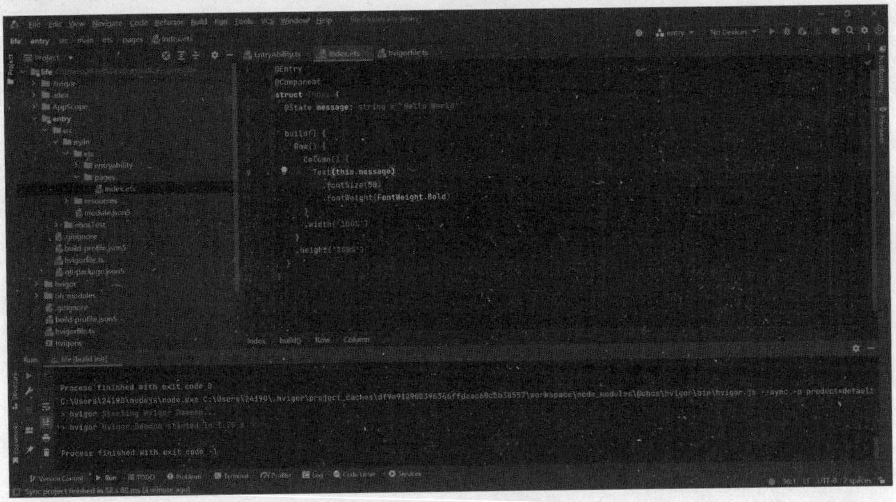

图 10.2　空工程项目

当项目创建完成后，即可进入开发阶段。

## 10.3　构建登录页面

登录页面是用户进入应用的第一步，也是提升用户体验的关键部分。在"生活圈记"应用中，登录页面不仅需要实现验证用户身份的基本功能，还需要确保页面简洁、直观，以便让用户能够快速、顺畅地登录。实现代码如下（案例文件：第 10 章 /.../pages/login.ets）。

```
@Entry
@Component
struct Page {
  build() {
    Column() {
      Column() {
        Row() {
          Image($r("app.media.logo"))
            .width("100vp")
            .height("100vp")
        }
        .width("100%")
        .height("100vp")
        .position({x: "0", y: "95vp"})
        .justifyContent(FlexAlign.Center)
        Text("生活圈记")
          .width("100%")
          .height("50vp")
          .position({x: "0", y: "200vp"})
          .textAlign(TextAlign.Center)
          .fontSize("26fp")
```

```
Text(" 登录账号以使用更多服务 ")
    .width("100%")
    .height("30vp")
    .position({x: "0", y: "250vp"})
    .fontColor("#808080")
    .textAlign(TextAlign.Center)
    .fontSize("14fp")
Text(" 忘记密码 ")
    .width("150vp")
    .height("40vp")
    .offset({x: "105vp", y: "99.68vp"})
    .fontSize("14fp")
Text(" 短信验证码登录 ")
    .width("150vp")
    .height("40vp")
    .offset({x: "-87.68vp", y: "59.2vp"})
    .fontSize("14fp")
Text(" 注册账号 ")
    .width("150vp")
    .height("40vp")
    .offset({x: "0vp", y: "214.86vp"})
    .textAlign(TextAlign.Center)
    .fontSize("14fp")
TextInput({placeholder: " 密码 "})
    .width("100%")
    .height("50vp")
    .position({x: "0vp", y: "350.52vp"})
    .type(InputType.Password)
TextInput({placeholder: " 用户名 "})
    .width("100%")
    .height("50vp")
    .position({x: "0vp", y: "288.5vp"})
Button(" 登录 ")
    .width("90%")
    .height("40vp")
    .offset({x: "0vp", y: "129.43vp"})
    .fontSize("20fp")
Grid() {
  GridItem() {
  }
    .width("33.3%")
    .height("100%")
    .offset({x: "0vp", y: "0vp"})
}
    .width("98%")
    .height("76.01vp")
    .position({x: "4.2vp", y: "90%"})
}
```

```
        .width("100%")
        .height("100%")
        .justifyContent(FlexAlign.Center)
    }
    .width("100%")
    .height("100%")
  }
}
```

执行上述代码，登录页面运行效果如图 10.3 所示。

图 10.3　登录页面运行效果

由图 10.3 结合上述实现代码可知，在 Page 组件中通过 Column、Row、Text、Image、TextInput 和 Button 等组件实现了一个登录页面的布局。页面主要包括用户登录所需的元素，且布局方式为垂直排列和水平排列相结合。

在实现代码中，通过嵌套的 Column 和 Row 组件安排元素的位置和排列方式。Column 组件用于纵向排列元素，而 Row 组件用于水平排列元素。例如，在 Row 组件内嵌套了一个 Image 组件来展示应用的 Logo；接着是 Text 组件显示标题、副标题和一些提示信息；最后放置了输入框和按钮提供用户交互。

为了实现页面中的内容布局，分别使用了 position、offset、width、height 等属性来精确控制各个组件的位置和大小。position 属性用于设置组件的位置，而 offset 属性则用于调整组件相对于父容器的位置，width 属性和 height 属性用于设置组件的尺寸。

通过合理的组件嵌套与属性设置，页面成功实现了垂直与水平布局的结合，使得登录页面既直观又具有良好的用户体验。在实现过程中，通过 Text、TextInput、Button 等组件的使用，充分展示了如何通过位置、尺寸和对齐方式的精确控制来布局各个元素。通过本案例，读者可以学到如何利用基本的布局组件构建具有实际功能的登录页面，并为后续开发提供了一个良好的模板。

## 10.4　构建生活圈记页面

在应用开发过程中，页面的设计与构建是非常关键的环节。生活圈记页面主要仿照微信朋友圈的布局实现，通过熟悉的界面元素和交互方式，增强用户的亲切感和易用性。实现代码如下（案例文件：第 10 章 /.../pages/index.ets）。

```
import navController from '@ohos.router';
```

```
class PostClass {
  public userAlias: string;            // 用户昵称
  public postContent: string;          // 贴文内容
  public imageGallery: ResourceStr[]; // 图片列表
  constructor(userAlias: string, postContent: string, imageGallery: ResourceStr[]) {
    this.userAlias = userAlias;
    this.postContent = postContent;
    this.imageGallery = imageGallery;
  }
}
@Entry
@Component
struct GalleryPage {
@State postList: PostClass[] = [
  new PostClass('每日感悟', '教育的四大支柱,即学会求知,学会做事,学会共处,学会生存。', []),
  new PostClass('今日分享', '甫昔少年日,早充观国宾。读书破万卷,下笔如有神。', [$r("app.
  media.bg2")]),
  new PostClass('生活真相', '长风破浪会有时,直挂云帆济沧海。', [$r("app.media.bg3"),
  $r("app.media.bg4")]),
  new PostClass('每日思考', '妈妈看着我们慢慢长大,奔向前程;我们却只能看着妈妈逐渐老去,
  走向暮年。相同的岁月,却有不同的滋味。孩子在最懵懂的岁月里得到最多的呵护,把陪伴视为理所当
  然,等到懂得珍惜时,总是懊悔错过了许多时光。', [$r("app.media.icon"), $r("app.media.
  icon"), $r("app.media.icon")]),
  new PostClass('人生哲理', '人生如逆旅,我亦是行人。在岁月的长河中,我们都是匆匆过客,经
  历着风雨,也沐浴着阳光。每一次挑战都是成长的契机,每一次挫败都是灵魂的磨砺。', [$r("app.
  media.icon"), $r("app.media.icon"), $r("app.media.icon"), $r("app.media.
  icon")]),
];
  // 计算行数
  computeRowsTemplate(index) {
    let result:string = '1fr';
    let length: number = this.postList[index].imageGallery.length || 0;
    if (length == 1) {
      result = '1fr';
    } else if (length >= 2 && length <= 6 && length != 3) {
      result = '1fr 1fr';
    } else {
      result = '1fr 1fr 1fr';
    }
    return result;
  }
  // 计算列数
  computeColumnsTemplate(index) {
    let result: string='1fr';
    let length: number = this.postList[index].imageGallery.length || 0;
    if (length == 1) {
      result = '1fr';
    } else if (length == 2 || length == 4) {
```

ArkTS 鸿蒙应用开发入门到实战

```
      result = '1fr 1fr';
    } else {
      result = '1fr 1fr 1fr';
    }
    return result;
}
// 计算高度
computeGridHeight(index) {
  let result: number = 0;
  let length: number = this.postList[index].imageGallery.length || 0;
  if (length <= 3) {
    result = 70;
  } else if (length > 3 && length <= 6) {
    result = 145;
  } else {
    result = 220;
  }
  return result;
}
// 计算宽度
computeGridWidth(index) {
  let result: number = 0;
  let length: number = this.postList[index].imageGallery.length || 0;
  if (length == 1) {
    result = 70;
  } else if (length == 2 || length == 4) {
    result = 145;
  } else {
    result = 220;
  }
  return result;
}
build() {
  Column() {
    List({space: 20}) {
      ListItem() {
        Stack({alignContent: Alignment.BottomEnd}) {
          Column() {
            Image($r("app.media.back1"))
              .width('100%')
              .height(276)
              .objectFit(ImageFit.Cover);
          }
          .width('100%')
          .height(300);
          Row({space: 10}) {
            Text('User A')
              .fontSize(20)
```

```
                    .fontColor(0xffffff)
                    .margin({bottom: 10});
                Image($r("app.media.back2"))
                    .width(80)
                    .height(80)
                    .borderRadius(8)
                    .objectFit(ImageFit.Cover);
            }
            .height(80)
            .justifyContent(FlexAlign.End)
            .padding(14);
        }
        .width('100%')
        .height(300);
    }
    ForEach(this.postList, (item: PostClass, index: number) => {
        ListItem() {
            Row({space: 10}) {
                Image($r("app.media.bg1"))
                    .width(50)
                    .height(50)
                    .borderRadius(6)
                    .objectFit(ImageFit.Cover);
                Column({space: 10}) {
                    Text(`${item.userAlias}`)
                        .fontSize(16)
                        .fontColor('#409EFF');
                    Text(item.postContent)
                        .fontSize(16)
                        .lineHeight(22);
                    if (item.imageGallery && item.imageGallery.length > 0) {
                        Grid() {
                            ForEach(item.imageGallery, (img: ResourceStr, index: number) => {
                                GridItem() {
                                    Image(img)
                                        .height(70)
                                        .width(70)
                                        .objectFit(ImageFit.Cover)
                                        .borderRadius(2)
                                }
                            });
                        }
                        .columnsTemplate(this.computeColumnsTemplate(index))
                        .rowsTemplate(this.computeRowsTemplate(index))
                        .columnsGap(5)
                        .rowsGap(5)
                        .width(this.computeGridWidth(index))
                        .height(this.computeGridHeight(index));
```

```
                }
              }
              .layoutWeight(1)
              .alignItems(HorizontalAlign.Start)
              .justifyContent(FlexAlign.Start);
          }
          .width('100%')
          .alignItems(VerticalAlign.Top);
        }
        .width('100%')
        .padding(10);
      });
    }
    .divider({strokeWidth: 1})
    .width('100%');
  }
  .width('100%')
  .height('100%');
  }
}
```

执行上述代码，生活圈记页面运行效果如图 10.4 所示。

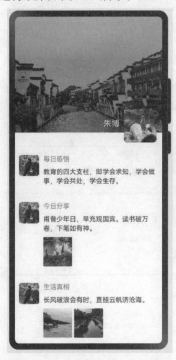

图 10.4 生活圈记页面运行效果

由图 10.4 结合上述实现代码可知，在 GalleryPage 组件中通过 @State 装饰器维护了一个包含多个 PostClass 实例的列表 postList[28]，这将应用于动态生成页面中的内容。

为了实现朋友圈风格的图片布局，分别实现了 computeRowsTemplate、computeColumnsTemplate、computeGridHeight 和 computeGridWidth 等方法，用于根据图片数量动态计算网格的行数、列数、高度和宽度。

生活圈记页面设计通过借鉴朋友圈布局，使用动态自适应布局和模块化代码结构提供了良好的用户体验和视觉层次感。图片、文字、昵称等元素的合理排布，配合不同的字体大小和颜色，使页面的层次感分明，信息展示清晰有序。其灵活的设计和优化的性能确保了跨设备一致性，便于未来的功能扩展，使页面既美观又实用。

## 10.5　构建待办事项页面

在"生活圈记"应用中，待办事项页面是用户管理和规划日常任务的核心功能。一个设计良好的待办事项页面应具备直观、简洁、易操作的特点，使用户能够高效地添加、查看和管理他们的待办事项。待办事项页面的实现代码如下（案例文件：第 10 章 /.../pages/indextwo.ets）。

```
import Item from './Item'
@Entry
@Component
struct Index {
  @State todo: string = '';
  @State list: Array<string> = [
    "学习鸿蒙开发",
    "阅读技术书籍",
    "参加线上会议",
    "练习编程",
    "听音乐放松",
    "锻炼身体",
    "开发个人项目",
  ];
  build() {
    Flex({direction: FlexDirection.Column,}) {
      Text("生活圈记 - 待办事项")
        .width("100%")
        .fontSize(28)
        .fontWeight(FontWeight.Bold)
        .textAlign(TextAlign.Start)
        .margin({bottom: 20})
      TextInput({text: this.todo, placeholder: "请输入"})
        .width("100%")
        .height(45)
        .enterKeyType(EnterKeyType.Done)
        .placeholderColor(Color.Gray)
        .margin({bottom: 20})
        .onChange((value) => {
          this.todo = value;
        })
        .onSubmit((value) => {
          console.log(String(value))
          this.list.push(this.todo)
          this.todo = ''
```

```
    })
    List({space: 20}) {
      ForEach(this.list, (item: string) => {
        ListItem() {
          Item({content: item})
        }.width('100%')
      }, (item: string, i) => i + item)
    }
    .flexGrow(1)
    .edgeEffect(EdgeEffect.None)
  }
  .padding(18)
  .width('100%')
  .height('100%')
  .backgroundColor('#dddddd')
  }
}
```

其中，ToItem 自定义组件的实现代码如下（案例文件：第 10 章 /.../pages/ToItem.ets）。

```
@Component
export struct ToItem{
  private content:string;
  @State isComplete: boolean = false;
  @Builder labelIcon(icon) {
    Image(icon)
      .width(20)
  }
  build(){
    Row(){
      if(this.isComplete){
      }else {
      }
      Text(this.content)
        .fontSize(20)
        .margin({left:15})
        .opacity(this.isComplete ? 0.4 : 1)
        .decoration({type: this.isComplete ? TextDecorationType.Overline :
        TextDecorationType.None})
    }
    .backgroundColor("#fff")
    .borderRadius(24)
    .padding(25)
    .margin(10)
    .width("93%")
    .onClick(() => {
      this.isComplete = !this.isComplete
    })
  }
}
```

执行上述代码，待办事项页面运行效果如图 10.5 所示。

图 10.5　待办事项页面运行效果

由图 10.5 和上述实现代码可知，该页面展示了一个简洁直观的待办事项列表，用户可以通过单击每个任务项来标记其完成状态。完成的任务将被划线标记，并且降低透明度，未完成的任务则保持正常显示。

待办事项页面的核心代码展示了如何通过简单的组件组合和状态管理构建一个功能明确、用户友好的任务管理页面。其代码结构清晰，易于扩展，能够满足不同用户的需求。同时，代码通过合理的布局和样式设置确保了页面的视觉一致性和操作的便捷性。

## 10.6　本章小结

本章通过构建"生活圈记"应用，全面展示了移动应用开发的实践过程。从项目背景出发，明确了其目标——帮助用户高效记录生活事件和管理待办事项。详细介绍了应用的创建过程，包括如何设置项目基础和搭建基本框架。通过对生活圈记页面和待办事项页面的具体实现，展示了如何利用界面设计和技术手段提升用户体验。通过代码示例，阐明了动态布局、状态管理和用户交互的实现方式。

总体而言，本章不仅涵盖了移动应用开发的关键技术点，还提供了实际操作中的宝贵经验，为读者深入理解和掌握移动应用开发奠定了基础。

# 第**11**章

## 实战项目——"小鸿在线答题"元服务

随着国家对教育领域的不断重视和投入，教育信息化已成为推动教育现代化的重要手段。在这样的大背景下，基于作者对鸿蒙操作系统开发课程的深入学习和理解，本章介绍如何开发一款名为"小鸿在线答题"的元服务应用。这款应用旨在利用 HarmonyOS 的先进技术和特性，为学习者提供一个便捷、高效的在线学习和答题平台。通过"小鸿在线答题"，用户可以随时随地进行自我测试，不仅能够巩固和检验学习成果，还能在互动中提升学习兴趣和动力。

# 11.1　项目介绍

### 1. 项目背景

移动互联网的快速发展使学习平台成为人们获取知识、提升技能的重要途径。然而，当前市场上的学习平台普遍存在内容繁杂、用户学习体验不佳、互动性差等问题。为了解决这些问题，作者决定开发一个基于 HarmonyOS NEXT 的学习平台，旨在为用户提供更优质、高效的学习体验。

### 2. 项目目标

在这个项目中，开发者将基于 HarmonyOS 元服务构建一个在线答题元服务。在线答题元服务主要功能如下。

（1）多种登录功能及接入 AGC 认证服务，以实现用户登录、展示个人账户信息、在线答题及积分排行等功能。

（2）用户可以在应用中进行知识练习，并上传自定义题目以丰富题库内容。

（3）利用华为云服务，实现用户答题展示成绩和排名，增加用户对学习的兴趣。

（4）使用数据库存储题目，以实现卡片刷新和页面跳转等功能。

### 3. 项目特点分析

在线答题元服务主要特点如下。

（1）多元登录方式：用户可选择账号密码登录、第三方登录，或者接入华为认证服务实现更安全的
登录。

（2）数据库支持：题目等学习数据使用数据库进行存储，确保数据的安全性和可靠性，同时提供了
卡片刷新和页面跳转等灵活的功能。

（3）排行榜和积分系统：提供积分排行榜，用户可以查看自己在学习中的排名，激发学习竞争力。

（4）高效的答题功能：可以在页面或者桌面卡片中进行快速答题学习。

（5）优美的 UI 设计：清晰而富有层次的布局，提高用户体验和吸引力。

（6）桌面卡片快捷操作：用户可以将排行榜和答题详情等卡片添加到桌面，方便快捷地参与活动和
查看排名。

### 4. 开发环境准备

（1）DevEco Studio 3.1.1 Release 及以上版本。

（2）IntelliJ IDEA 2022.3.2。

（3）MySQL 8.0。

（4）Redis 3.0.504。

（5）SpringCloud 2022.0.2。

（6）ArkTS 语言 Stage 模型（API 9 及以上）。

# 11.2　创 建 应 用

HUAWEI DevEco Studio 是基于 IntelliJ IDEA Community 开源版本打造的一站式集成开发环境，专

为华为终端全场景多设备的 HarmonyOS 应用 / 服务开发设计。它为开发者提供了工程模板创建、开发、编译、调试、发布等端到端的 HarmonyOS 应用 / 服务开发支持 [29]。

在选择工程模板页面，选择 Atomic Service → Empty Ability 选项，然后单击 Next 按钮即可打开创建项目页面，如图 11.1 所示。

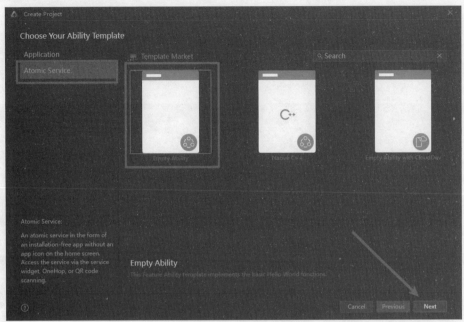

图 11.1　选择工程模板页面

在打开的创建项目页面中，在 Model 选项右侧的下拉列表中选择 Stage 模型，然后单击 Finish 按钮，如图 11.2 所示。

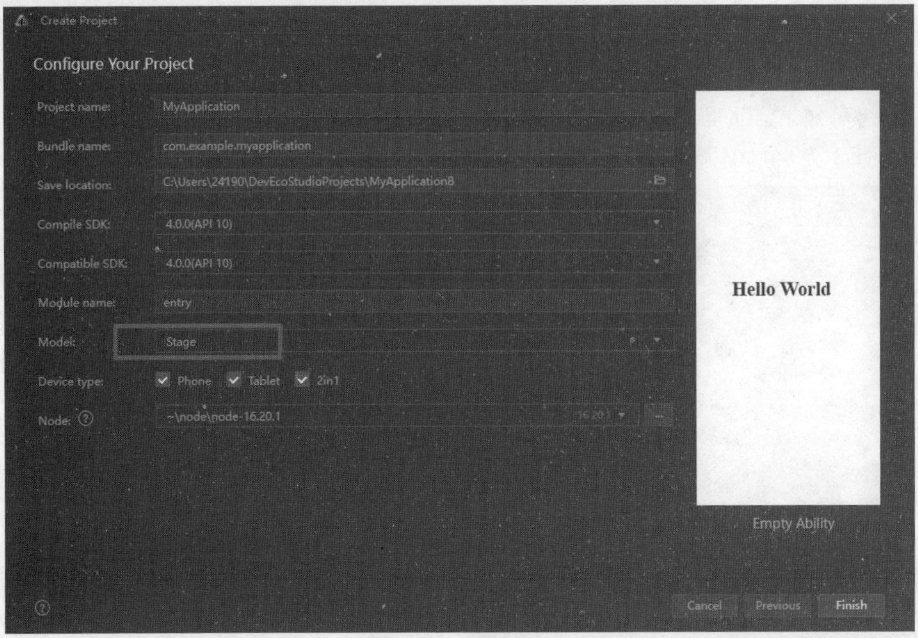

图 11.2　选择模型

由图 11.2 可知，此处的 SDK 版本为 4.0.0(API 10)。随着版本的不断迭代，开发者只需选择一个稳定版或者最新版即可，创建过程基本相同。

## 11.3　SpringCloud 服务与数据库

　　"小鸿在线答题"元服务采用前/后端分离的开发模式，前端使用 ArkUI、后端（服务端）使用 SpringCloud、数据库使用 MySQL。服务端利用 SpringCloud 框架进行创建与开发，为元服务提供复杂的逻辑与数据处理能力。服务端启动界面如图 11.3 所示。

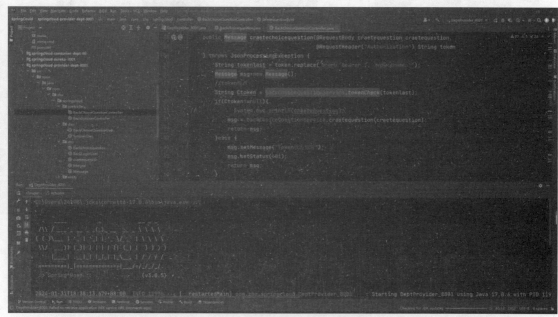

图 11.3　服务端启动界面

　　由图 11.3 可知，当页面出现 Spring 说明时，表明服务端启动成功。服务端启动后，需要启动 Redis 服务，版本为 3.0.504，端口设置为 6379。Redis 服务启动界面如图 11.4 所示。

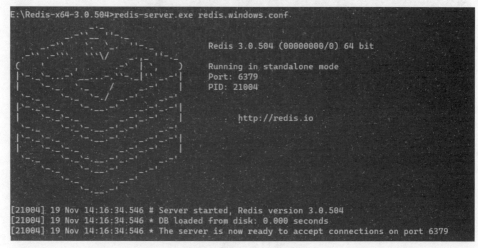

图 11.4　Redis 服务启动界面

　　由图 11.4 可知，当页面出现 Running in standalone mode 时，表明 Redis 服务启动成功。用户数据库表用于存储和管理系统用户信息，各字段见表 11.1。

表 11.1 用户数据库表各字段

| 列 名 | 类 型 | 长 度 | Not Null | 键 | 自动递增 |
|---|---|---|---|---|---|
| uuid | varchar | 255 | true | false | false |
| id | int | N/A | true | true | true |
| username | varchar | 255 | false | false | false |
| name | varchar | 255 | true | false | false |
| password | varchar | 255 | false | false | false |
| phone | int | N/A | false | false | false |
| email | varchar | 255 | false | false | false |
| studentID | int | N/A | false | false | false |
| role | int | N/A | false | false | false |
| type | int | N/A | false | false | false |
| CreatTime | datetime | N/A | false | false | false |
| imgurl | varchar | 255 | false | false | false |

表 11.1 中显示了每列的关键信息，包括列名、类型、长度、Not Null（是否允许为空）、键、自动递增等，这有助于读者更好地理解并学习本项目。创建用户数据库表的 SQL 语句如下：

```
CREATE TABLE your_table_name (
    uuid VARCHAR(255) NOT NULL,
    id INT NOT NULL AUTO_INCREMENT,
    username VARCHAR(255),
    name VARCHAR(255) NOT NULL,
    password VARCHAR(255),
    phone INT,
    email VARCHAR(255),
    studentID INT,
    role INT,
    type INT,
    CreatTime DATETIME,
    imgurl VARCHAR(255),
    PRIMARY KEY (id)
);
```

创建成功后的用户数据库表详情如图 11.5 所示。

| 对象 | 100% -- user @xingzhisql (imustctf1)... | | user @xingzhisql (imustctf1) - 表 | | | | | | | | |
|---|---|---|---|---|---|---|---|---|---|---|---|
| 开始事务 | 文本 · 筛选 排序 列 | 导入 导出 数据生成 创建图表 | | | | | | | | | |
| uuid | id | username | name | password | phone | email | studentID | role | type | CreatTime |
| B9751F65-2B5E-48C0-9( | 3 | admin | 创新赛用户 | 123456 | 1123573129 | 123456@qq.com | 243562324 | 1 | (Null) | 2023-05-23 18 |
| EB51E6AA-BE97-48AD-E | 5 | admin4 | 菜四 | 123456 | 1226573129 | 123456@qq.com | 243562324 | 2 | (Null) | 2023-04-27 17 |
| CF826D10-16E8-494A-9( | 7 | admin6 | 理王 | 123456 | 1326573129 | 123456@qq.com | 243562324 | 1 | 1 | 2023-04-12 15 |
| 0B13D69E-D785-4034-8 | 8 | admin7 | 小群 | 123456 | 1423574129 | 123456@qq.com | 243562324 | 2 | (Null) | 2023-05-18 19 |
| 0ed0d38a-c38b-4e60-af | 46 | root | 小万里 | 123 | 2342323 | 1214@qq.xaz | 123456789 | 2 | (Null) | 2023-05-18 20 |

图 11.5 用户数据库表详情

由图 11.5 可知，用户数据库表包含 uuid、用户 id、用户名、姓名、密码、电话号码、邮箱等信息。uuid 为用户注册时生成的唯一标识，id 字段为用户后台管理的排序标识。字段中也包含了用户基础信息，如用户名、姓名、密码等，其中密码暂未进行加密处理，为测试版本。

题目数据库表用于存储和管理应用或元服务题目详情，各字段见表 11.2。

表 11.2　题目数据库表各字段

| 列　名 | 类　型 | 长　度 | Not Null | 键 | 自动递增 |
|--------|--------|--------|----------|-----|----------|
| id | int | N/A | true | true | true |
| type | int | N/A | false | false | false |
| title | varchar | 255 | true | false | false |
| answer | varchar | 255 | false | false | false |
| answerSheet | json | N/A | false | false | false |
| answerDoubt | varchar | 255 | false | false | false |
| score | int | N/A | false | false | false |

表 11.2 中显示了每列的关键信息，包括题目 id、题目类型、题目内容、答案、题目选项内容、答案解析、分值等。创建题目数据库表的 SQL 语句如下：

```
CREATE TABLE your_table_name (
    id INT NOT NULL AUTO_INCREMENT,
    type INT,
    title VARCHAR(255) NOT NULL,
    answer VARCHAR(255),
    answerSheet JSON,
    answerDoubt VARCHAR(255),
    score INT,
    PRIMARY KEY (id)
);
```

创建成功后的题目数据库表详情如图 11.6 所示。

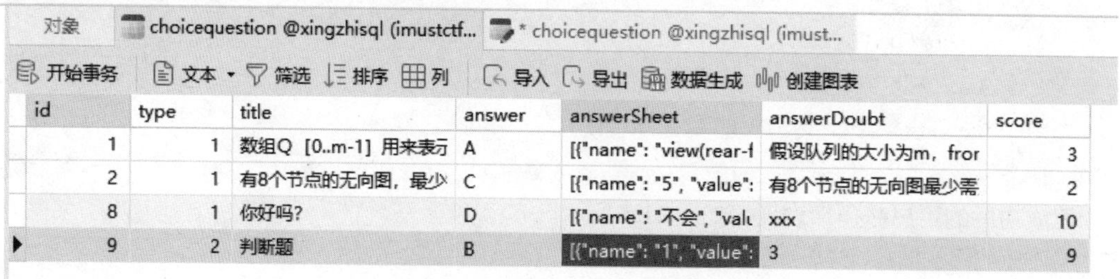

| id | type | title | answer | answerSheet | answerDoubt | score |
|----|------|-------|--------|-------------|-------------|-------|
| 1 | 1 | 数组Q [0..m-1] 用来表示 | A | [{"name": "view(rear-f | 假设队列的大小为m, fror | 3 |
| 2 | 1 | 有8个节点的无向图, 最少 | C | [{"name": "5", "value": | 有8个节点的无向图最少需 | 2 |
| 8 | 1 | 你好吗? | D | [{"name": "不会", "valu | xxx | 10 |
| 9 | 2 | 判断题 | B | [{"name": "1", "value" | 3 | 9 |

图 11.6　题目数据库表详情

由图 11.6 可知，题目数据库表的 answerSheet 字段为 json 格式，目的是方便服务端把数据传输给前端进行处理和显示。整个流程为用户完成答题操作，根据答案判断是否正确，如果正确，则把该题的分值根据答题账号 id 累加到用户的积分字段中，实现用户积分的有效累加功能。

# 11.4 基础页面实现

基础页面是应用程序中最基本的用户界面，通常包含应用的常见交互组件。设计一个良好的基础页面是构建整个应用的关键，它直接影响着用户体验和应用的可用性。

## 11.4.1 登录页面实现

登录页面用于用户进行身份验证。在网站、应用程序或系统中，登录页面是用户输入用户名和密码，以验证其身份并访问受保护资源的地方。元服务登录页面如图 11.7 所示。

**图 11.7 元服务登录页面**

由图 11.7 可知，登录页面包含上下 Logo、元服务名称、用户名输入框、密码输入框、登录按钮及立即注册按钮等。

（1）首先需要引入相关依赖，引用部分依赖的代码如下：

```
import router from '@ohos.router'
import prompt from '@ohos.prompt'
import promptAction from '@ohos.promptAction'
import {Login, AuthMode} from "@ohos/agconnect-auth-component";
```

上述代码的每个 import 语句都引入了一个模块，包括路由（router）、提示（prompt）、提示操作（promptAction），以及身份验证相关的组件（Login、AuthMode）。

（2）实现登录页面的核心代码。需要注意的是，本小节代码已删除特定项目链接块代码，仅展示可直接使用的登录页面通用核心代码（案例文件：第 11 章 /.../pages/index.ets）。

```
@Entry
@Component
```

```
struct LoginPage {
  @State password: string = ''
  @State username: string = ''
  @State phone: string = ''
  build() {
    Column() {
    Text(" 登录 ")
    .fontSize(50)
    .fontWeight(FontWeight.Bold).margin({
        bottom: 60
      })
      Row() {
        Text(" 用户名 ")
          .fontSize(18)
          .fontWeight(FontWeight.Bold)
      }.width("100%")
      Row() {
        Image($r("app.media.name")).width(30)
        TextInput({
          placeholder: " 请输入用户名 "
        }).width(300).onChange((val: string) => {
          this.username = val
        })
      }.margin({
        bottom: 8,
        top: 8
      }).width("100%")
      Divider().strokeWidth(4)
      Row() {
        Text(" 密码 ")
        .fontSize(18)
        .fontWeight(FontWeight.Bold).margin({
          bottom: 8,
          top: 8
        })
      }.width("100%")
      Row() {
        Image($r("app.media.password")).width(30)
        TextInput({
          placeholder: " 请输入密码 "
        }).width(300).onChange((val: string) => {
          this.password = val
        }).type(InputType.Password)
      }.width("100%")
      Divider().strokeWidth(4)
      Row() {
        Blank()
        Text(" 忘记密码? ")
```

```
        .fontSize(18)
        .fontWeight(FontWeight.Bold)
  }.width("100%")
    Button(" 登录 ").width("90%").height(60).backgroundColor(Color.Orange).
    onClick(() => {
    if (this.username == "admin" && this.password == "admin") {
      router.replaceUrl({
        url: "page/homepage",
        params: {
          name: this.username
        }
      })
    }
    else {
      promptAction.showToast({
        message:" 密码或用户名错误，请重新输入 "
      })
    }
  }).margin({
    top: 30,
  })
  Row() {
    Button(' 第三方登录 ')
      .width("140vp")
      .height("80vp")
      .fontSize(20)
      .margin({
        bottom: 40,
        top: 60,
        right: 20
      })
    Button(' 立即注册 ')
      .width("140vp")
      .height("80vp")
      .fontSize(20)
      .margin({
        bottom: 40,
        top: 60,
      })
  }
  Image($r("app.media.logo")).width(80)
}
.width('100%')
.height('100%')
.justifyContent(FlexAlign.Center)
.alignItems(HorizontalAlign.Center)
.padding({
  left: 20,
```

```
        right: 20
    })
  }
}
```

上述代码定义了一个名为 LoginPage 的页面组件，用于用户登录。在 LoginPage 组件中定义了一些状态（@State），包括密码（password）、用户名（username）和电话号码（phone），用于存储用户输入的信息。在 build() 方法中，创建了页面的布局，包括标题、用户名输入框、密码输入框、"忘记密码"超链接和"登录"按钮。

当单击"登录"按钮时，会检查用户名和密码是否为空。如果为空，则使用路由将用户重定向到 page/hello 页面，并传递用户名参数；否则，显示错误提示。

使用身份验证组件（Login）提供了第三方登录的选项。当用户成功登录后，将获取用户的电话号码并重定向到 page/homepage 页面，同时传递电话号码参数。页面布局中还包含了"第三方登录"按钮、"立即注册"按钮，以及应用的图标。

### 11.4.2　元服务首页实现

#### 1. 首页页面设计

首页页面主要作为元服务的功能入口，包括答题、排行榜、个人中心、知识视频等功能的入口，同时保证 UI 设计的美观性。首页设计效果如图 11.8 所示。

图 11.8　首页设计效果

由图 11.8 可知，页面的上半部分是一个轮播图；中间部分是可以跳转到对应页面的图片按钮；下半部分是功能详情，包括最下面的导航栏，可以快速切换页面。

#### 2. 代码实现

（1）首页页面可分为选项卡、链接云端数据库、带参页面跳转等三部分。选项卡的关键代码如下（案例文件：第 11 章 /.../page/homepage.ets）：

```
Tabs({barPosition: BarPosition.End, controller: this.mTabController}) {
  TabContent1() {
```

```
    //... 选项卡 1 的内容
 }
 .tabBar(this.TabBuilder(0));
 TabContent2() {
    //... 选项卡 2 的内容
 }
 .tabBar(this.TabBuilder(1));
 TabContent3() {
    //... 选项卡 3 的内容
 }
 .tabBar(this.TabBuilder(2));
 //TabContent4 和 TabContent5 使用同样方式创建
}
```

上述代码用于创建选项卡（Tabs）的布局，其中包含了多个选项卡，每个选项卡都有自己的内容和配置。

（2）链接云端数据库的关键代码如下：

```
import formInfo from '@ohos.app.form.formInfo';
import formBindingData from '@ohos.app.form.formBindingData';
import FormExtensionAbility from '@ohos.app.form.FormExtensionAbility';
import formProvider from '@ohos.app.form.formProvider';
import agconnect from '@hw-agconnect/api-ohos';
import {AGConnectCloudDB, CloudDBZone, CloudDBZoneConfig, CloudDBZoneQuery}
from '@hw-agconnect/database-ohos';
```

上述代码的每个 import 语句都引入了一个模块。formInfo 是表单信息相关的模块，用于处理和管理表单的信息。formBindingData 用于处理表单数据的绑定，将数据与用户界面元素关联起来。agconnect 与华为云的 AGConnect 服务有关，提供了一些 OHOS 平台上使用 AGConnect 服务的 API。@hw-agconnect/database-ohos 使用了华为云数据库服务的功能。AGConnectCloudDB 是云端数据库的主要入口点。

（3）底部导航栏的核心代码如下：

```
@State bartext: string[] = ['首页','刷视频','个人中心']
@State barlogo: string[] = ['bar01','bar02','bar03']
//Image('images/'+String(activity.type)+".png")
@Builder TabBuilder(index: number) {
  Column() {
      //Image(index == this.mCurrentPage? $r('app.media.bar2'): $r('app.media.
        bar1'))
    Image('images/'+String(this.barlogo[index])+".png")
      .width('24vp')
      .height('24vp')
      .objectFit(ImageFit.Contain)
    Text(this.bartext[index])
      .fontSize('10fp')
      .fontWeight(500)
      .margin({top: '4vp'});
  }.justifyContent(FlexAlign.Center);
```

上述代码中，bartext 和 barlogo 是存储导航栏标签文本和图标名称的状态变量。TabBuilder 是一个构建底部导航栏选项的函数，接收一个索引参数 index。

在 TabBuilder 中，通过垂直列布局（Column()），每个选项包含一个图片元素和一个文本元素。图片元素的路径基于 barlogo 数组中的图标名称构建。

（4）带参跳转页面的代码如下：

```
.onClick(() => {
  router.replaceUrl({
    url: "page/MainPage",
    params: {
      name: this.paramsFromIndex?.['name']
    }
  })
})
```

上述代码中，通过路由跳转到名为 MainPage 的页面，并且传递了一个名为 name 的参数到子页面，完成了父子页面的传值。此处代码主要是完成首页内的各种功能页面入口，使用 router.replaceUrl 可以方便快捷地跳转到需要的功能页面。

## 11.5　排行榜页面实现

排行榜页面在应用中起着至关重要的作用，它可以展示用户之间的答题成绩、竞争和表现。无论是游戏、学习应用还是社交媒体平台，排行榜页面都具有广泛的应用。排行榜页面效果如图 11.9 所示。

图 11.9　排行榜页面效果

由图 11.9 可知，排行榜包含了用户的姓名和成绩，并且可以实时地根据成绩从高到低进行排序显示，可以激发用户对于学习的兴趣（案例文件：第 11 章 /.../page/sort.ets）。

（1）引用部分依赖和玩家数据数组，其中包含用户姓名和成绩的变量，实现代码如下：

```
import router from '@ohos.router';
@Entry
@Component
struct LeaderboardPage {
  @State paramsFromIndex: object = router.getParams()
  @State playerData: string[][] = this.paramsFromIndex?.['playerData']
}
```

上述代码首先导入了 router 模块，该模块用于控制页面跳转；然后使用 router.getParams() 在目标页面接收传递来的数据，并将服务端传输的数据存储到 playerData 变量中。

（2）页面布局的实现代码如下：

```
build() {
  Column() {
    Row() {
      Button("<")
        //.margin({left: -60})
        .fontColor("#ffffff")
        .type(ButtonType.Circle)
        .fontSize("27fp")
        .onClick(() => {
          router.replaceUrl({
            url: "page/homepage",
            params: {
              name: this.paramsFromIndex?.['name']
            }
          })
        });
      Text(" 排行榜 ")
        .width("80%")
        .height("60vp")
        .fontColor("#0654ef")
        .textAlign(TextAlign.Center)
        .fontSize("30fp");
    }
    Column() {
      Image($r('app.media.pai'))
        .margin({
          top:10,
          bottom:20
        })
    }
    Row() {
      Text(" 姓名 ")
        .width("45%")
        .fontSize("20fp")
        .fontColor(Color.Blue); // 可以调整表头的样式
      Text(" 成绩 ")
        .width("35%")
```

```
        .fontSize("20fp")
        .fontColor(Color.Blue);
    Text(" 操作 ")
        .width("35%")
        .fontSize("20fp")
        .fontColor(Color.Blue);
    }
    //.width("50%")
  }
}
```

上述代码完成了页面的 UI 布局和显示效果。分别运用了线性布局 Row 和 Column、文本组件 Text、按钮组件 Button、图片组件 Image 等基础组件构成了排行榜的布局效果。

（3）遍历玩家数据数组，创建玩家条目，实现代码如下：

```
// 遍历玩家数据数组，创建玩家条目
ForEach(this.playerData, (player, index) => {
  Row() {
    Text(`${index + 1}.`)
        .width("10%")
        .fontSize("18fp");
    Text(player[0]) // 玩家姓名
        .width("30%")
        .fontSize("18fp");
    Text(` 得分：${player[1]}`) // 玩家得分
        .width("40%")
        .fontSize("18fp");
    Text(" 查看 ")
        .width("20%")
        .fontColor(Color.Red)
        .fontSize("18fp")
        .onClick(() => {
          //this.onCreate();
          //this.onCreate()
          // 在此处理查看详情的逻辑
          AlertDialog.show({
            title: " 查看 ",
            message: ` 姓名：${player[0]}\n 得分：${player[1]}`,
          });
          //console.error('JSON 解析错误：', this.playerData2);
        });
    }
    .width("95%")
    .margin({ top: '10vp' })
    .margin(10)
  });
}
.width('100%')
```

上述代码实现了用于渲染玩家数据列表的页面逻辑。其中，每个玩家的数据都以列表项的形式显示，并提供了查看详情的功能。在查看详情时，会弹出一个对话框显示玩家的姓名和得分，通过遍历服务端传输的玩家数据数组，动态创建玩家条目。

核心知识点总结如下。

- 创建 LeaderboardPage 组件，用于显示排行榜数据。
- 定义一个页面组件用于在显示排行榜数据的同时提供"返回"按钮和"查看"按钮等交互功能。排行榜数据通过路由参数获取，并以表格的形式呈现在页面上。用户还可以单击"查看"按钮来查看玩家的详细信息。

## 11.6　个人中心页面实现

第 1 版个人中心页面如图 11.10 所示，包含了个人头像、用户名和当前登录账号，以及排行榜、通知等功能的入口。

第 2 版个人中心页面仅保留了应用的核心功能，在 UI 设计中采用简约的风格，提升了用户友好性。第 2 版个人中心页面如图 11.11 所示。

图 11.10　第 1 版个人中心页面　　图 11.11　第 2 版个人中心页面

（1）个人中心页面的重点是页面布局的设定和各种功能的入口。采用线性布局和层叠布局，代码结构如下（案例文件：第 11 章 /.../pages/homepage.ets）：

```
Column() {
    Column() {
        Stack() {
            // 实现代码
        }
    }
}
```

线性布局是开发中最常用的布局方式，通过线性容器 Row 和 Column 构建。线性布局是其他布局的基础，其子元素在线性方向上（水平方向和垂直方向）依次排列。层叠布局用于在屏幕上预留一块区域来显示组件中的元素，提供元素可以重叠的布局。通过线性布局和层叠布局构成了个人中心页面的基本布局。

（2）功能入口的实现代码如下：

```
Stack() {
    Image($r('app.media.tuichu'))
        .width("50%")
        .objectFit(ImageFit.ScaleDown);
    Text(" 退出登录 ")
        .width("30%")
        .fontSize("17fp");
    // 单击事件
    .onClick(() => {
        router.replaceUrl({
            url: "pages/Index"
            //this.paramsFromIndex?.['name']
        });
    })
}
```

上述代码中，每个按钮都有单击事件，并且具有特定的样式和布局参数。使用路由时需要导入模块（import router from '@ohos.router'），然后使用 push() 或者 replace() 方法进行页面跳转。

## 11.7  答题页面实现

答题页面是许多应用程序中的关键组成部分，尤其是在教育、娱乐和培训应用中。构建一个功能强大的答题页面，以提供用户友好的答题体验。答题页面效果如图 11.12 所示。

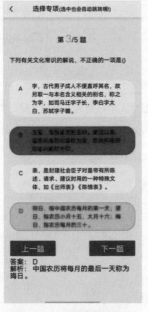

**图 11.12  答题页面效果**

由图 11.12 可知，答题页面设计需满足以下几点要求。

● 动态内容展示：页面可以动态显示多个题目和答案选项，并根据用户的选择和进度更新内容。

- 用户交互：用户可以单击答案选项按钮来选择答案，并根据答案的正确与否进行相应的交互反馈。
- 页面导航：提供了页面导航功能，用户可以在答题完成后返回到主页。
- 动态解析显示：用户可以单击"答案解析"按钮来查看题目的解析。
- 按钮样式和交互设计：根据用户的选择状态，按钮的颜色会改变，以提供视觉反馈。

（1）答题页面的变量代码如下（案例文件：第 11 章 /.../pages/MainPage.ets）：

```
@State paramsFromIndex: object = router.getParams()
@State currentQuestionIndex: number = 0;
  //@State any_go: Resource = $r('app.profile.timu')
  //@State questions: string[] = dati
  @State questions: string[] = this.paramsFromIndex?.['questions']
  @State answers: string[][] =  this.paramsFromIndex?.['answers']
  @State correctAnswers: string[] = this.paramsFromIndex?.['correctAnswers']
  @State explanations: string[] = this.paramsFromIndex?.['explanations']
  @State selectedAnswer: string = '';
  @State selectedAnswerList: string[] = [];
  @State selectedscore: number = 0;
  @State showExplanation: boolean = false;
  @State ende: boolean = false; // 用于控制是否结束
```

上述代码中，questions 用于存储题目内容，answers 用于存储题目答案，correctAnswers 用于存储题目选项内容，explanations 用于存储每个题目的解析（每个选项的具体内容），selectedAnswerList 用于记录选择的答案，showExplanation 用于控制是否显示答案解析。

（2）答题页面的核心代码如下：

```
onNextQuestion() {
  const nextIndex = this.currentQuestionIndex + 1;
  if (nextIndex < this.questions.length) {
    this.currentQuestionIndex = nextIndex;
    this.selectedAnswer = '';
    this.showExplanation = false; // 清空显示答案解析状态
    this.ende=false;
  } else {
    this.ende=true;
    console.info("------ 单击了网络请求 ")
        extraData: {
          'prapoints': this.selectedscore,
          'userid':3,
          'Numberquestions':this.questions.length
        },
        connectTimeout: 60000,    // 可选项，默认为 60s
        readTimeout: 60000,       // 可选项，默认为 60s
    }, (err, data) => {
      if (!err) {
        //data.result 为 HTTP 响应内容，可根据业务需要进行解析
        //@ts-ignore
        const response = JSON.parse(data.result);
        console.info('Result:' + response);
```

```
      } else {
        console.info('error:' + JSON.stringify(err));
        // 该请求不再使用，调用 destroy()方法主动销毁
        httpRequest.destroy();
      }
    }
  );
  AlertDialog.show({
    title: '答题完成',
    message: '恭喜您完成答题! 本次成绩:' + this.selectedscore,
  });
  }
}
```

上述代码主要实现了答题页面的逻辑。使用 onNextQuestion() 方法处理下一题的逻辑，检查是否还有下一题。若有下一题，则更新相关状态，重置用户选择的答案、是否显示答案解析，以及是否结束答题的状态；若没有下一题，则表示答题完成，设置 ende 为 true，并通过网络请求发送用户答题结果（得分、用户 ID、题目数量）。弹出对话框显示答题完成的信息，包括用户的得分。

## 11.8　服务卡片实现

鸿蒙服务卡片是元服务的主要展现形式之一（其他形式包括语音和图标等）。每个服务卡片都是一种始终可见的元服务或应用，将重要信息以卡片的形式展示在桌面上，通过轻量交互实现服务的便捷访问。

### 11.8.1　服务卡片介绍

元服务是一种基于 HarmonyOS 的特有服务提供方式，无须用户安装，具备即用即走的优势。元服务的核心优势包括交互便捷、状态实时刷新、合时宜的主动推荐、主动服务等。

元服务的主要呈现形态是万能卡片，可以在桌面上"永远打开"，具有让信息外显、动态刷新、一键服务直达等特性。用户可以通过负一屏、应用市场、小艺建议等丰富的系统级入口便捷获取服务，系统也会基于场景主动推荐服务，实现服务"找"人。

服务卡片具备以下特性。

- 可自定义：用户可以自定义服务卡片的组合，在桌面即可一眼获取多项服务信息，做到桌面实时提示，重要信息外显。
- 信息全面：服务卡片可以提供全面的信息，如新闻资讯、便捷生活、旅游出行等领域的最新内容和服务推荐。
- 高效便捷：元服务无须下载安装 App，即可带来跨设备运行、提供即点即用、即用即走的卡片化体验。
- 智能推荐：元服务的另一大特色是基于用户意图，针对用户想要达成的目标精准地推荐服务。

此外，在 AI 的加持下，元服务能够根据时间、地点、事件等信息，学习用户习惯，合时宜地为用户提供可能需要的服务。

服务卡片示例如图 11.13 所示。

图 11.13　服务卡片示例

## 11.8.2　服务卡片的实现过程

服务卡片可以做到在桌面上随时随地地答题和查看排行榜，让用户的学习更高效。服务卡片效果展示如图 11.14 所示。

图 11.14　服务卡片效果展示

由图 11.14 可知，将服务卡片组件添加到桌面后，可以完成在桌面上答题和查看排行榜的需求，用户无须打开应用即可获取知识、提升技能。

（1）实现服务卡片的初始配置代码如下（案例文件：第 11 章 /.../pages/WidgetCard.ets）：

```
readonly MAX_LINES: number = 1;
readonly ACTION_TYPE: string = 'router';
readonly MESSAGE: string = 'add detail';
readonly ABILITY_NAME: string = 'EntryAbility';
readonly FULL_WIDTH_PERCENT: string = '100%';
readonly FULL_HEIGHT_PERCENT: string = '100%';
```

上述代码是项目创建时的初始化代码，用于控制服务卡片页面的显示与功能等，包括服务卡片中文本的最大行数，用户与服务卡片交互时将执行的动作类型，服务卡片的宽度和高度占其父容器或屏幕的百分比等。

（2）实现服务卡片的核心代码如下：

```
onNextQuestion() {
  const nextIndex = this.currentQuestionIndex + 1;
  if (nextIndex < this.questions.length) {
    this.currentQuestionIndex = nextIndex;
    this.selectedAnswer = '';
    this.showExplanation = false; // 清空显示答案解析状态
    this.ende=false;
  } else {
    this.ende=true;
  }
}
.onClick(() => {
  postCardAction(this, {
    "action": this.ACTION_TYPE,
    "abilityName": this.ABILITY_NAME,
    "params": {
      "message": this.MESSAGE
    }
  });
})
.onClick(() => {
  this.selectedAnswer = answer;
  this.showExplanation = true; // 显示答案解析
  this.selectedAnswerList[this.currentQuestionIndex] = answer;
  if (String(index + 1) == this.correctAnswers[this.currentQuestionIndex]) {
    this.selectedscore = this.selectedscore + 1;
  }
}
```

上述代码包含 onNextQuestion() 方法和两个单击事件的处理函数，分别用于处理题目切换和用户选择答案的逻辑。

onNextQuestion() 方法的功能是当单击"下一题"按钮时，首先计算下一题的索引 nextIndex，如果 nextIndex 小于题目数组的长度，则说明还有下一题，将更新当前题目索引、清空用户选择的答案、隐藏答案解析，并重置 ende 的状态为 false；否则，表示已经是最后一题，设置 ende 的状态为 true，表示答题结束。

onClick(() => {...}) 是事件处理函数，第一个单击事件是通过 postCardAction() 方法发送了一个消息，其中包含了一些特定的参数，如动作类型、能力名及消息参数；第二个单击事件用于处理用户选择答案的逻辑，更新用户选择的答案（this.selectedAnswer）为当前单击的答案；显示答案解析（this.showExplanation），将用户的选择记录到 selectedAnswerList 数组中，以便后续判断用户选择的答案。如果用户选择的答案与正确答案匹配，则增加用户的得分（this.selectedscore）。

这两个单击事件处理函数分别用于处理页面的逻辑控制。其中，onNextQuestion() 控制题目的切换，而单击答案的事件处理函数则更新用户选择的答案并处理相应的逻辑，包括显示解析和判断答案是否正确。

## 11.9　本　章　小　结

本章介绍了一个基于 HarmonyOS 的实战项目——"小鸿在线答题"元服务。该项目具有多元登录方式、数据库支持、排行榜和积分系统、高效的答题功能、优美的 UI 设计以及服务卡片快捷操作等特点。希望通过这个项目，读者可以了解到 HarmonyOS 的元服务开发和应用特点，以及 HarmonyOS 的元服务与 SpringCloud 等后端技术的结合方法。

在项目的实现过程中，可以学习到登录页面、元服务首页、排行榜功能、个人中心页面、答题页面以及服务卡片的设计和开发过程。通过关键代码和核心功能的介绍，使读者能够初步理解项目的结构和实现原理。

# 第 **12** 章 实战项目——"活动召集令"元服务

在当今快节奏的生活中，人们渴望有更多机会聚在一起，享受美好时光。然而，组织和参与活动往往面临着诸多挑战，如信息不透明、难以找到合适的活动，以及活动宣传不足等问题。为了解决这些问题，本章设计并开发了一款全新的创意应用——"活动召集令"元服务（本项目工程案例见资源包：第 12 章）。

## 12.1 项目介绍

### 1. 项目背景

随着城市化进程的加速，越来越多的人认识到，社交活动对于缓解生活压力、建立社交网络以及增进人际关系的重要性。然而，传统的社交方式已难以满足现代人的需求。于是，为用户提供一个便捷、高效、社交化的活动发布平台的想法应运而生。

在寻找活动信息的过程中，用户常常面临信息碎片化和不一致的情况。一些活动信息散落在不同的社交媒体或活动平台上，用户需要花费大量的时间和精力来收集和筛选。因此，整合和统一这些信息对提高用户体验至关重要。

随着移动互联技术的迅速发展，我们看到了整合社交元素和活动信息的机会。通过开发一款创新的应用，用户可以轻松创建、查找和参与各种社交活动。这个应用将成为人们社交生活的数字化延伸，使活动的组织和参与变得更加简单而愉快。

在这个创意应用的背后，追求的是连接人与人之间的纽带，让社交活动更加简单而有趣。希望通过这个活动发布平台，人们可以更轻松地发现、创建和参与各种精彩活动，为生活增添更多色彩。

### 2. 项目目标

在本项目中，将基于 HarmonyOS 元服务构建一个"活动召集令"元服务。"活动召集令"元服务的主要功能如下。

（1）提供页面供用户创建一个集结活动，如周末轰趴，可以输入时间、地点、人数等活动信息。

（2）提供一个列表页面，供用户浏览所有公开活动。

（3）可以查看活动详情，并报名参与。

（4）服务卡片显示最新发布的活动。

### 3. 项目特点分析

（1）高度集成与便捷性："活动召集令"元服务将活动的创建、浏览、报名等功能集成于一个平台，用户无须在多个应用或网站间跳转，大大提高了效率。通过简化活动发布和参与流程，降低了用户的使用门槛，无论是组织活动还是参与活动，都变得简单易行。

（2）个性化与定制化：允许用户根据自己的需求和兴趣创建活动，包括时间、地点、人数等，实现高度个性化定制。基于用户的兴趣和行为数据，智能推荐相关活动，提升用户体验和满意度。

（3）实时更新与动态展示：对于用户关注的活动或即将开始的活动，通过系统推送通知，确保用户不会错过重要信息。利用服务卡片展示最新发布的活动，实现信息的实时更新和快速获取，增强用户的使用体验。

## 12.2 创建应用

在开始创建应用之前，需要先配置云端服务。

（1）在浏览器中搜索 AppGallery Connect，选择华为官方标识的网站进入，注册 AppGallery Connect 并进行相应的配置，如图 12.1 所示。

图 12.1　元服务创建项目页面

（2）单击"我的元服务"选项，进入"创建应用"页面，开始创建项目。填写应用的相关信息和配置，如图 12.2 所示。

图 12.2　"创建应用"页面

（3）完成云端配置后，打开 DevEco Studio，创建新的项目工程，选择元服务空模板即可，如图 12.3 所示。

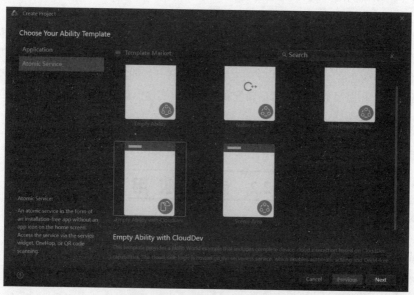

图 12.3　创建新的项目工程

选择合适的云端模板可确保应用能够正常运行并连接到云端服务。这个过程由 DevEco Studio 自动配置。

## 12.3　构建登录页面

在构建登录页面时，需要综合考虑多个方面，包括页面的整体布局、元素的排列、用户交互的友好性以及视觉设计的吸引力。构建一个用户友好的登录页面是应用开发中的重要环节。构建"活动召集令"元服务登录页面的代码如下（案例文件：第 12 章 /.../pages/index.ets）：

```
import router from '@ohos.router';
import http from '@ohos.net.http';
import promptAction from '@ohos.promptAction'
@Entry
@Component
struct Index {
  @State activities: object[] = [
  ];
  @State username: string = ''
  @State password: string = ''
  S_login() {
    if (this.username == "admin" && this.password == "admin") {
      router.replaceUrl({
        //url: "pages/one",
        url: "pages/one",
        params: {
          activities:this.activities
        }
      })
    }
    else {
      promptAction.showToast({
        message:"密码或用户名错误，请重新输入"
      })
    }
  }
  build() {
    Row() {
      Column({space:17}) {
        Image($r("app.media.logo")).width(80)
        Text("XXXXXArkts 示例案例")
        TextInput({placeholder: '输入用户名'})
          .width(300)
          .height(60)
          .fontSize(20)
          .onChange((value: string) => {
```

```
          this.username = value
        })
      TextInput({placeholder: '输入密码'})
        .width(300)
        .height(60)
        .fontSize(20)
        .type(InputType.Password)
        .onChange((value: string) => {
          this.password = value
        })
      Button('登录')
        .width(300)
        .height(60)
        .fontSize(20)
        .backgroundColor('#0F40F5')
        .onClick(() => {
          this.S_login();
        })
    }
    .width('100%')
  }
  .height('100%')
  }
}
```

执行上述代码，登录页面运行效果如图 12.4 所示。

**图 12.4　登录页面运行效果**

由图 12.4 可知，登录页面包含了一个用于输入用户名和密码的表单，以及一个"登录"按钮。通过适当的布局和交互设计，用户可以轻松地进行登录操作。在初步实现登录页面后，还需要对其进行进一步的完善，以提升用户体验和安全性。以下是一些可以考虑的改进点。

（1）输入验证：在用户提交表单之前，进行客户端的输入验证。确保用户名和密码符合要求，如长度限制、特殊字符限制等。

（2）安全性措施：实现加密传输，避免明文传输用户的密码。同时，可以引入验证码机制，防止暴力破解。

（3）友好的错误提示：当用户输入错误时，提供明确的错误提示，并允许用户快速重试。

（4）"记住我"功能：允许用户选择记住用户名，使下次登录时更加方便。

页面中还可以考虑加入输入规范提示，示例代码如下：

```
validateInputs(): boolean {
  if (this.username.length < 3 || this.password.length < 6) {
    promptAction.showToast({
      message: "用户名或密码不符合要求"
    });
    return false;
  }
  return true;
}
```

登录页面是应用程序的一个重要入口，其设计和实现直接影响用户的第一印象和使用体验。通过上述步骤的逐步优化，可以构建一个功能完善、用户友好的登录页面，提升整个应用的质量和用户满意度。

## 12.4　构建活动列表页面

在成功登录应用之后，用户会被引导至一个活动列表页面。在此页面中用户可以浏览、搜索和选择不同的活动。活动列表页面需要包含活动的基本信息，并提供良好的用户交互体验。活动列表页面的核心代码如下（案例文件：第 12 章 /.../pages/one.ets）：

```
// 搜索框
Search({
  value: this.filterText, // 将搜索框的值与 filterText 关联
  placeholder: '输入搜索关键字 ...',
  //controller: this.controller
})
  .onChange((value: string) => {
    this.filterText = value; // 将搜索框的值赋给 filterText
  })
  .width('90%')
//.margin(20);
  Scroll(this.scroller)
    Column()
      // 列出活动信息
      ForEach(this.activities, (activity, index) => {
        // 根据 filterText 过滤活动
        if (
```

```
      this.filterText === '' ||     // 如果搜索框为空，则显示所有活动
      activity.title.includes(this.filterText) ||    // 活动标题包含搜索关键字
      activity.type.includes(this.filterText)         // 活动类型包含搜索关键字
    ) {
    // 如果满足搜索条件，则显示活动
    Row() {
      Column() {
        Row() {
          Text(`${index + 1}.)
            .width("10%")
            .fontSize("20fp");
          Text(activity.title)                        // 活动标题
            //.width("30%")
            .fontSize("20fp")
        }
        Image('images/'+String(activity.type)+".png")
          .margin({left:40,top:10})
          .width("80%")
          .height("300px")
          .onClick(() => {
            const secondaryButton = {
              value: '我要报名',
              fontColor: '#ffffff',                  // 可选，文字颜色
              backgroundColor: '#007aff',            // 可选，背景颜色
              action: () => {
                //@ts-ignore
                this.activities[index].flag='1'
                //@ts-ignore
                console.log(this.activities[index].flag)
                AlertDialog.show({
                  title: "报名成功",
                  message:"您已成功报名此活动"
                });
              }                                      // 按钮被单击后执行的函数
            };
            const primaryButton = {
              value: '取消',
              fontColor: '#ffffff',                  // 可选，文字颜色
              backgroundColor: 'red',                // 可选，背景颜色
              action: () => {
              }                                      // 按钮被单击后执行的函数
            };
            // 处理查看活动详情的逻辑
            AlertDialog.show({
              title: "活动详情",
              message: `标题: ${activity.title}\n 时间 ${activity.time}\n 地点:
              ${activity.where}\n 详细信息: ${activity.description}\n\n`
              secondaryButton: secondaryButton,
```

```
                primaryButton: primaryButton,
              });
            });
          }
        }
        .width("95%")
        .margin({top: '10vp'})
        .margin(10)
      }
    });
```

执行上述代码，活动列表页面运行效果如图 12.5 所示。

图 12.5  活动列表页面运行效果

由图 12.5 可知，该页面展示了活动的基本信息，包括活动标题、图片等。用户可以通过搜索框搜索特定的活动，并单击活动图片查看详细信息和进行报名。在搜索框中输入关键字，即可根据关键字过滤和显示相关的活动信息。

使用 Search 组件创建了一个搜索框，其值与 this.filterText 关联，通过 onChange 事件监听搜索框值的变化，并将新的值赋给 this.filterText。

页面的活动列表部分使用 Scroll 组件创建了一个可滚动的视图。使用 ForEach 遍历 this.activities 数组中的每个活动，根据搜索框的值过滤活动信息。

根据搜索框的值（this.filterText）过滤显示符合条件的活动信息。如果搜索框为空，则显示所有活动；否则，只显示标题或类型包含搜索关键字的活动。

对于每个满足条件的活动，创建一个 Row 组件，显示活动的标题、序号、图片等信息。单击活动图片，弹出对话框显示活动详情，并提供"报名"和"取消"按钮。如果单击了"报名"按钮，则将活动的 flag 属性设置为 1，并显示报名成功的对话框。

活动列表页面是用户浏览和选择活动的重要界面，通过实现搜索、过滤和详细信息展示功能，可以显著提升用户的使用体验。在后续小节中，我们将继续探讨如何实现其他功能页面及其交互设计。

# 12.5　构建个人中心页面

在应用程序中，个人中心页面是用户管理个人信息、查看活动记录、修改设置等操作的重要功能页面。该页面的设计应注重用户的操作便利性和信息的清晰展示。以下是个人中心页面的关键组成部分和实现细节。

（1）用户信息部分：展示用户的基本信息，包括用户名、头像、联系方式等。

（2）活动记录部分：展示用户参与的活动记录，包括活动标题、时间和状态。

（3）设置选项部分：允许用户修改个人信息、密码及其他设置。

构建个人中心页面的核心代码如下（案例文件：第 12 章 /.../pages/MyDemo.ets）：

```
Column() {
  Column() {
    Stack() {
      Image($r('app.media.touxiang'))
        .width("131.1vp")
        .height("139.21vp")
        .offset({x: "-0.33vp", y: "-20.98vp"})
    }
    .width("99.7%")
    //.height("105.66vp")
    .offset({x: "0.46vp", y: "-292.54vp"})
    .margin(20)
    //.backgroundColor("#8adff5")
    Stack() {
      Stack() {
        Row(){
          Image($r('app.media.exid'))
            .width("40.68vp")
            .height("40.79vp")
          Text(" 退出登录 ")
            .width("262.68vp")
            .height("43.79vp")
            .fontSize("20fp")
        }
      }
      //.backgroundColor("#a0d9f6")
      .width("90%")
      .height("62.73vp")
      .offset({x: "1.33vp", y: "-36.77vp"})
      .onClick(()=>{
        router.replaceUrl({
          url: "pages/Index"
          //this.paramsFromIndex?['name']
        })
```

```
    })
Stack() {
  Row(){
    Image($r('app.media.huodong'))
      .width("40.68vp")
      .height("40.79vp")
    Text(" 新增活动 ")
      .width("262.68vp")
      .height("43.79vp")
        //.offset({ x: "34.29vp", y: "-0.17vp"})
      .fontSize("20fp")
  }
}
//.backgroundColor("#a0d9f6")
.width("90%")
.height("62.73vp")
.offset({x: "1.33vp", y: "-115.67vp"})
.onClick(()=>{
  router.replaceUrl({
    url: "pages/Index2",
    params: {
      activities:this.activities
    }
  })
})
Stack() {
  Row(){
    Image($r('app.media.canyu'))
      .width("40.68vp")
      .height("40.79vp")
    Text(" 已参与的活动 ")
      .width("262.68vp")
      .height("43.79vp")
        //.offset({x: "34.29vp", y: "-0.17vp"})
      .fontSize("20fp")
  }
}
.width("90%")
.height("62.73vp")
//.backgroundColor("#a0d9f6")
.offset({x: "1.33vp", y: "-192.39vp"})
.onClick(() => {
  router.replaceUrl({
    url: "pages/Index3",
    params: {
      activities:this.activities
    }
  })
```

```
    })
  }
  .width("99.4%")
  .height("465.88vp")
  .offset({x: "0.92vp", y: "-286.87vp"})
}
.width("100%")
.height("100%")
.offset({x: "0vp", y: "311.31vp"})
.justifyContent(FlexAlign.Center)
}
.width("100%")
.height("100%")
```

执行上述代码，个人中心页面运行效果如图 12.6 所示。

图 12.6　个人中心页面运行效果

由图 12.6 可知，个人中心页面包括用户头像、账户信息及操作选项。上述代码中，Image($r('app.media.touxiang')) 组件用于展示用户头像，确保头像的大小适合显示区域并居中；Image($r('app.media.exid')) 和 Text(" 退出登录 ") 组成 "退出登录" 按钮，用户单击此按钮将触发 router.replaceUrl() 方法，跳转到登录页面（pages/Index）。这种设计使用户能够轻松退出当前页面。

Image($r('app.media.huodong')) 和 Text(" 新增活动 ") 组成 "新增活动" 按钮，用户单击此按钮将跳转到新增活动页面（pages/Index2），并传递当前活动数据，以便在新页面中使用。

Image($r('app.media.canyu')) 和 Text(" 已参与的活动 ") 组成 "已参与的活动" 按钮，用户单击此按钮将跳转到已参与活动页面（pages/Index3），并传递活动数据，以便用户查看自己参与的所有活动。

个人中心页面是用户在应用中管理个人信息和活动记录的重要部分。通过精心设计的布局和清晰的功能模块，用户能够方便地访问和管理个人信息和活动记录。确保页面在视觉上吸引人且在功能上实用，是提升用户体验的关键。

## 12.6　构建已参与和新增活动页面

在应用程序中，已参与的活动页面和新增活动页面是重要的功能页面。它们分别用于展示用户已参与的活动记录和允许用户创建的新活动。

（1）已参与的活动页面展示用户已参与的所有活动，包含活动的基本信息，如标题、时间、地点和状态。已参与的活动页面的实现代码如下（案例文件：第 12 章 /.../pages/canyu.ets）：

```
import router from '@ohos.router';
@Entry
@Component
struct ActivityPage {
  @State paramsFromIndex: object = router.getParams()
  @State activities: object[] = this.paramsFromIndex?.['activities']
  @State filterText: string = ''; // 添加一个状态用于保存搜索框的值
  build() {
    Column() {
      Row(){
        Button(" 返回 ")
          .margin({left:-90})
          //.width("71.45vp")
          .height("47.01vp")
            //.offset({x: "-126.85vp", y: "-289.57vp"})
          .onClick(() => {
            router.replaceUrl({
              url: "pages/one",
              params: {
                activities:this.activities
              }
            })
          });
        Text(" 我的参与 ")
          .margin({left:"30"})
          //.width("200vp")
          .height("60vp")
            //.offset({x: "73.54vp", y: "-331.74vp"})
          .fontSize("24fp")
          //.margin({left:"50%"})
      }
      // 搜索框
      Search({
        value: this.filterText, // 将搜索框的值与 filterText 关联
        placeholder: ' 输入搜索关键字 ...',
        //controller: this.controller
```

```
})
    .onChange((value: string) => {
      this.filterText = value; // 将搜索框的值赋给 filterText
    })
    .width('90%')
//.margin(20);
Row() {
  Text(" 序号 ")
    .width("20%")
    .fontSize("20fp")
    .fontColor(Color.Blue) // 可以调整表头的样式
  .margin({left:"5%"})
  Text(" 活动 ")
    .width("50%")
    .fontSize("20fp")
    .fontColor(Color.Blue);
  Text(" 报名情况 ")
    .width("40%")
    .fontSize("20fp")
    .fontColor(Color.Blue);
}
// 列出活动信息
ForEach(this.activities, (activity, index) => {
  // 根据 filterText 过滤活动
  if (
    this.filterText === '' ||    // 如果搜索框为空，则显示所有活动
    activity.title.includes(this.filterText) ||   // 活动标题包含搜索关键字
    activity.type.includes(this.filterText)        // 活动类型包含搜索关键字
  ) {
    if(activity.flag==1){
      // 如果满足搜索条件，则显示活动
      Row() {
        Column() {
          Row() {
            Text(`${index + 1}.`)
              .margin({left:"5%"})
              .width("20%")
              .fontSize("20fp");
            Text(activity.title)    // 活动标题
              .width("50%")
              .fontSize("20fp")
            Text(" 已报名 ")    // 活动类型
              .width("40%")
              .fontSize("20fp")
          }
        }
      }
      .width("95%")
```

```
                //.height("200px")
                .margin({top: '10vp'})
                .margin(10)
            }
        }
    });
    }
    .width('100%')
  }
}
```

执行上述代码，已参与的活动页面运行效果如图 12.7 所示。

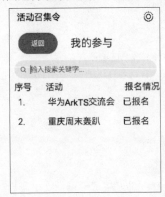

图 12.7　已参与的活动页面运行效果

由图 12.7 和上述代码可知，当用户单击"返回"按钮时，会利用路由（某个路由管理器，如 router）跳转到 pages/one 页面，并传递了一个名为 activities 的参数。使用 ForEach 语句遍历 activities 数组，对每个活动进行处理。根据 filterText 过滤活动，只有当搜索框为空或者活动标题、活动类型包含搜索关键字时，才会显示。如果活动的 flag 值为 1，则表示活动已报名，创建一个新的行布局，包含序号、活动标题和报名情况的文本标签。

（2）新增活动页面是用户创建新活动的部分。该页面需要包括活动标题、时间、地点、描述等信息的输入框，以及一个"提交"按钮。新增活动页面的实现代码如下（案例文件：第 12 章 /.../pages/demo2.ets）：

```
import router from '@ohos.router';
import promptAction from '@ohos.promptAction';
import web_webview from '@ohos.web.webview';
@Entry
@Component
struct Page1 {
  @State message: string = 'Hello World'
  @State paramsFromIndex: object = router.getParams()
  @State activities: object[] = this.paramsFromIndex?.['activities']
  @State newActivity : object=
    {
      title: '',
      type: "",
      description: "",
      time: "",
```

```
      where: '',
      flag:''
    }
  build() {
    Column() {
      Column() {
        Button(" 返回 ")
          .width("71.45vp")
          .height("47.01vp")
          .offset({x: "-126.85vp", y: "-289.57vp"})
          .onClick(() => {
            router.replaceUrl({
              url: "pages/one",
              params: {
                activities:this.activities
              }
            })
          });
        Text(" 活动创建 ")
          .width("200vp")
          .height("60vp")
          .offset({x: "73.54vp", y: "-341.74vp"})
          .fontSize("24fp")
          .margin({right:"10%"})
        Stack() {
          Text(" 时间: ")
            .width("64.84vp")
            .height("39.78vp")
            .offset({x: "-117.83vp", y: "-206.26vp"})
            .fontSize("18fp")
          Text(" 标题: ")
            .width("64.84vp")
            .height("39.78vp")
            .offset({x: "-116.66vp", y: "-257vp"})
            .fontSize("18fp")
          // 标题
          TextInput()
            .onChange((val: string) => {
              this.newActivity['title']=val
            })
            .width("197.88vp")
            .height("37.65vp")
            .offset({x: "18.58vp", y: "-256.73vp"})
          // 地点
          TextInput()
            .onChange((val: string) => {
              this.newActivity['where']=val
            })
```

```
      .width("197.88vp")
      .height("37.65vp")
      .offset({x: "18.96vp", y: "-154.02vp"})
    // 活动描述
    TextInput()
      .onChange((val: string) => {
        this.newActivity['description']=val
      })
      .width("189.36vp")
      .height("37.65vp")
      .offset({x: "19.1vp", y: "-103.98vp"})
    // 活动类型
    TextInput()
      .onChange((val: string) => {
        this.newActivity['type']=val
      })
      .width("189.36vp")
      .height("37.65vp")
      .offset({x: "20.65vp", y: "-47.76vp"})
    // 照片
    TextInput()
      .width("351.09vp")
      .height("39.78vp")
      .offset({x: "20.36vp", y: "68.43vp"})
    // 时间
    TextInput()
      .onChange((val: string) => {
        this.newActivity['time']=val
      })
      .width("200vp")
      .height("37.65vp")
      .offset({x: "18.87vp", y: "-206.59vp"})
    Text("活动照片url:")
      .width("139.34vp")
      .height("41.91vp")
      .offset({x: "-98.11vp", y: "4.09vp"})
      .fontSize("18fp")
    Text("活动类型:")
      .width("98.9vp")
      .height("39.78vp")
      .offset({x: "-119vp", y: "-50.91vp"})
      .fontSize("18fp")
    Text("活动描述:")
      .width("98.9vp")
      .height("39.78vp")
      .offset({x: "-123.28vp", y: "-101.03vp"})
      .fontSize("18fp")
    Text("地点:")
```

```
          .width("64.84vp")
          .height("39.78vp")
          .offset({x: "-120.1vp", y: "-152.71vp"})
          .fontSize("18fp")
      Button(" 提交 ")
          .width("133.17vp")
          .height("52.33vp")
          .offset({x: "0vp", y: "190.96vp"})
          .fontSize("19fp")
          .onClick(() => {
            console.log(String(this.newActivity['title']))
            console.log(String(this.activities))
            this.activities.push(this.newActivity);
            this.newActivity =
            {
              title: '',
              type: "",
              description: "",
              time: "",
              where: ''
            }
            //this.flag1=
            router.replaceUrl({
              url: "pages/one",
              params: {
                activities:this.activities
              }
            })
          })
      }
      .width("100%")
      .height("567.16vp")
      .offset({x: "0vp", y: "-330.68vp"})
    }
    .width("100%")
    .height("100%")
    .offset({x: "0vp", y: "285.38vp"})
    .justifyContent(FlexAlign.Center)
  }
  .width("100%")
  .height("100%")
  } .
}
```

执行上述代码，新增活动页面的运行效果如图 12.8 所示。

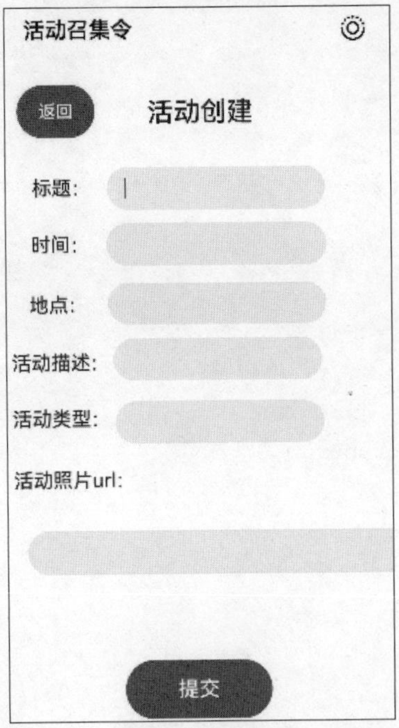

图 12.8　新增活动页面的运行效果

　　新增活动页面的设计简单明了,使用户可以轻松地输入所需的活动信息。页面左上角的"返回"按钮,允许用户在不保存当前输入信息的情况下返回到活动列表页面。页面底部的"提交"按钮用于保存用户输入的活动信息。当用户单击"提交"按钮后,活动信息会被添加到活动列表中,并自动重置输入框以便用户创建新的活动。

　　本节详细介绍了两个关键功能页面的实现:已参与的活动页面和新增活动页面。已参与的活动页面展示了用户已经参与的所有活动及其基本信息(如标题、报名情况),并提供了搜索功能,以便用户快速地查找特定活动。而新增活动页面则用于用户创建新活动,包含活动标题、时间、地点、描述等信息的输入框,以及一个"提交"按钮,方便用户输入并保存新的活动信息。这两个页面的设计简单明了,极大地提升了用户的操作体验和应用的功能性。

## 12.7　服务卡片功能开发

　　服务卡片通过将应用或服务的重要信息和功能前置到卡片上,能够使服务信息的内容外露,实现服务直达,减少用户操作层级,从而提升用户体验。在"活动召集令"元服务中,开发所有活动列表服务卡片和未报名活动列表服务卡片可以极大地方便用户掌握信息。

### 12.7.1　所有活动列表服务卡片

　　在开发"活动召集令"元服务中的所有活动列表服务卡片时,主要目标是提供一个清晰、直观且互动性强的界面,以便用户能够快速地浏览和了解当前所有活动的概览。所有活动列表服务卡片的实现代码如下(案例文件:第 12 章 /.../pages/card1.ets):

```
@Entry
@Component
```

```
struct Card {
  // 组会题目
  @State title: string[] = [];
  // 组会地点
  @State where: string[] = [];
  // 组会时间
  @State time: string[] = [];
  // 组会图片
  @State img: string[][] = [];
  // 是否报名
  @State flag: string[] = [];
  @State selectedscore: number = 0;
  build() {
    Stack() {
      Image($r("app.media.img1"))
        .objectFit(ImageFit.Cover)
      Column() {
        Text(" 活动列表 ")
          .fontSize(20)
          .fontColor("#0076ff")
          .margin({bottom:20})
          Text(`${this.currentQuestionIndex+1}`+'.'+`${this.title[this.
currentQuestionIndex]}`)
          .fontSize(18)
          .margin({bottom:5})
        Row() {
          Text(`${this.time[this.currentQuestionIndex]}`)
            .fontSize(15)
          Text(`${this.where[this.currentQuestionIndex]}`)
            .fontSize(15)
            .margin({left:15})
        }
        // .margin({ top: '20vp' });
        Image('images/'+`${this.img[this.currentQuestionIndex]}`+".png")
          // .margin({left:"25%"})
          .width("100%")
          .height("50%")
          .onClick(() => {
          });
        if(this.ende){
          Button(' 已经是最后一个啦！')
            .margin(1)
            .fontSize(10)
            .fontColor(Color.White)
            .backgroundColor("#499c54")
            .padding({ left: '2vp', right: '2vp' }) // 调整按钮内边距
            .width("100%")
            .height("10%")
```

```
            .margin({ top: '4vp' })
  }else {
    if (this.flag[this.currentQuestionIndex]=='1'){
      Button(' 已报名 ')
        .margin(1)
        .fontSize(10)
        .fontColor(Color.White)
        // .backgroundColor("#499c54")
        .padding({ left: '2vp', right: '2vp' }) // 调整按钮内边距
        .width("100%")
        .height("10%")
        .margin({ top: '4vp' })
      Button(' 下一个 ')
        .margin(1)
        .fontSize(10)
        .fontColor(Color.White)
        .backgroundColor("#499c54")
        .padding({ left: '2vp', right: '2vp' }) // 调整按钮内边距
        .width("100%")
        .height("10%")
        .margin({ top: '4vp' })
        .onClick(() => {
          this.onNextQuestion();
        });
    }
    else {
      Button(' 未报名 ')
        .margin(1)
        .fontSize(10)
        .fontColor(Color.White)
        .backgroundColor("red")
        .padding({ left: '2vp', right: '2vp' }) // 调整按钮内边距
        .width("100%")
        .height("10%")
        .margin({ top: '4vp' })
      Button(' 下一个 ')
        .margin(1)
        .fontSize(10)
        .fontColor(Color.White)
        .backgroundColor("#499c54")
        .padding({ left: '2vp', right: '2vp' }) // 调整按钮内边距
        .width("100%")
        .height("10%")
        .margin({ top: '4vp' })
        .onClick(() => {
          this.onNextQuestion();
        });
    }
```

```
        }
      }
      .alignItems(HorizontalAlign.Start)
      //.justifyContent(FlexAlign.End)
      .padding($r('app.float.column_padding'))
    }
  }
}
```

执行上述代码，所有活动列表服务卡片的运行效果如图 12.9 所示。

图 12.9　所有活动列表服务卡片的运行效果

　　由图 12.9 和上述代码可知，所有活动列表服务卡片提供了一个互动性强的界面，使用户可以通过单击"报名"按钮快速报名新的活动，并自动显示下一个未报名的活动。当用户单击"下一个"按钮时，onNextActivity() 函数会被调用。计算下一个活动的索引（nextIndex），如果存在下一个活动，则更新 currentActivityIndex 并重置显示解析状态（showExplanation）和结束状态（ende）。如果不存在下一个活动（即已经是最后一个活动），则将结束状态（ende）设置为 true。

### 12.7.2　未报名活动列表服务卡片

　　在开发"活动召集令"元服务中的未报名活动列表服务卡片时，需要确保该服务卡片能够清晰地展示那些用户尚未报名的活动，同时保持界面的清晰、直观和互动性。未报名活动列表服务卡片的实现代码如下（案例文件：第 12 章 /.../pages/card2.ets）：

```
onNextActivity() {
  const nextIndex = this.currentActivityIndex + 1;
  if (nextIndex < this.title.length) {
    this.currentActivityIndex = nextIndex;
    this.showExplanation = false; // 清空显示解析状态
    this.ende=false;
  } else {
    this.ende=true;
  }
}
build() {
```

```
Stack() {
  Image($r("app.media.img1"))
    .objectFit(ImageFit.Cover)
  Column() {
    Text(" 未报名的最新活动 ")
      .fontSize(20)
      .fontColor("#0076ff")
      .margin({bottom:20})
    Text(`${this.currentActivityIndex+1}`+'.'+`${this.title[this.currentActivityIndex]}`)
      .fontSize(18)
      .margin({bottom:5})
    Row() {
      Text(`${this.time[this.currentActivityIndex]}`)
        .fontSize(15)
      Text(`${this.where[this.currentActivityIndex]}`)
        .fontSize(15)
        //.margin(3)
        .margin({left:15})
    }
    //.margin({top: '20vp'});
    Image('images/'+`${this.img[this.currentActivityIndex]}`+".png")
      //.margin({left:10})
      .width("100%")
      .height("50%")
      .onClick(() => {
      });
    if(this.ende){
      Button(' 已全部报名 ')
        .margin(1)
        .fontSize(10)
        .fontColor(Color.White)
        .backgroundColor("#499c54")
        .padding({left: '2vp', right: '2vp'})    // 调整按钮内边距
        .width("100%")
        .height("10%")
        .margin({top: '4vp'})
    }else {
      Button(' 报名 ')
        .margin(1)
        .fontSize(10)
        .fontColor(Color.White)
        .backgroundColor("#499c54")
        .padding({left: '2vp', right: '2vp'})    // 调整按钮内边距
        .width("100%")
        .height("10%")
        .margin({top: '4vp'})
        .onClick(() => {
          this.flag[this.currentActivityIndex]='1'
```

```
                    this.onNextActivity();
              });
          }
      }
      .alignItems(HorizontalAlign.Start)
      //.justifyContent(FlexAlign.End)
      .padding($r('app.float.column_padding'))
    }
}
```

执行上述代码，未报名活动列表服务卡片的运行效果如图 12.10 所示。

**图 12.10　未报名活动列表服务卡片的运行效果**

由图 12.10 和上述代码可知，当用户单击"报名"按钮后，将会向服务端发起数据请求。当用户成功报名当前活动时，通过筛选器自动显示当前账号未报名的活动列表。其中，onNextActivity() 函数用于切换到下一个未报名的活动。如果存在下一个活动，则更新当前活动的索引、清空解析状态，并将结束状态（ende）置为 false；如果不存在下一个活动（即已经是最后一个活动），则将结束状态（ende）置为 true。

如图 12.11 所示，将开发的所有活动列表服务卡片和未报名活动列表服务卡片直接放置到手机桌面上，实现无须打开应用即可查看和报名活动的功能。这种设计极大地增强了用户的交互性和便捷性，提高了用户的操作效率，并为用户提供了更加友好的使用体验。

**图 12.11　手机桌面服务卡片**

## 12.8　本章小结

　　本章深入探讨并实现了"活动召集令"元服务应用的多个关键功能模块。通过具体的代码示例和设计方案，逐步实现了以下功能：应用创建及云端服务配置、活动页面的 UI 设计、活动信息的输入与验证，以及数据的存储和检索。这些内容涵盖了从云端配置到用户界面设计，再到数据处理的全过程，最终实现了一个功能完整、体验良好的活动召集应用。

# 第13章 实战项目——"马背上的家乡"元服务

在广袤无垠的草原上，骏马奔腾的画面象征着自由和力量，也是这片土地上深厚文化与自然和谐共生的象征。草原文化孕育了丰富的民族传统、特色美食及独特的生活方式，然而，随着现代化进程的加速，这些传统文化正在逐渐远离人们的视线，面临被遗忘的危机。

为了保护草原文化并让更多人了解草原之美，本章基于 HarmonyOS 应用开发平台设计并开发了"马背上的家乡"元服务。通过现代技术，将草原上的民族文化、自然景观、特色美食与用户的交互体验相结合，打造一个轻量级、开放性强的数字化展示平台，帮助用户随时随地感受草原文化的魅力（本项目工程案例见资源包：第13章）。

## 13.1 项 目 介 绍

### 1. 项目背景

广袤无垠的草原作为大自然的馈赠，孕育了丰富的民族文化和独特的生活方式。然而，随着现代化进程的推进，许多传统的草原文化和生活方式逐渐淡出人们的视线，面临被遗忘的危机。

在这样的背景下，保护和传承草原文化，让更多的人了解和欣赏这片土地上的魅力变得尤为重要。为此，本章设计并开发一款名为"马背上的家乡"的元服务。该项目旨在通过现代化的技术手段，将草原文化、生活方式以及自然景观呈现给更广泛的受众，让人们在享受科技带来的便利的同时，也能感受到草原的魅力及其文化底蕴。

"马背上的家乡"元服务不仅是一个技术项目，更是一个文化项目。希望通过这个项目能够让更多的人了解草原、爱上草原，同时也为草原文化的传承和发展贡献一份力量。相信通过我们的努力，草原上的文化和生活方式将会得到更好的保护和传承，草原的魅力也将会得到更广泛的传播和认可。

### 2. 项目目标

在这个项目中，将基于 HarmonyOS 元服务构建一个展示类型的元服务。"马背上的家乡"元服务的主要功能如下。

（1）登录功能和良好的登录 UI 设计。

（2）首页展示家乡的自然景观、民族文化、特色美食。

（3）完整的个人中心。

（4）家乡景点卡片展示。

### 3. 项目特点分析

"马背上的家乡"元服务具备一系列独特的特点，使其在同类项目中脱颖而出。

（1）深度融合草原文化与现代科技。通过精心设计的 UI 界面，将草原的自然景观、民族文化、特色美食等元素以直观、生动的方式呈现给用户。用户可以通过互动操作深入了解草原文化的内涵，感受草原的独特魅力。

（2）注重用户体验和互动性。无论是登录界面的设计，还是首页的展示内容，都力求简洁明了、易于操作。使用户能够与其他用户交流心得，分享对草原文化的感受。

（3）采用 HarmonyOS 元服务技术，确保服务的稳定性和安全性。通过不断优化算法和数据处理能力，使项目能够提供更加流畅、高效的服务体验，满足用户日益增长的需求。

综上所述，"马背上的家乡"元服务不仅是一个技术项目，更是一个文化传承与创新的结合体。它充分利用现代科技手段将草原文化的魅力呈现给广大用户，同时也为草原文化的传承和发展注入了新的活力。

## 13.2 创 建 应 用

元服务以新型应用程序形态呈现，相比传统需要安装的应用形态，更加轻量，同时提供更丰富的入口和更精准的分发能力。

在选择工程模板页面，选择 Atomic Service → Empty Ability 选项创建元服务工程，如图 13.1 所示。

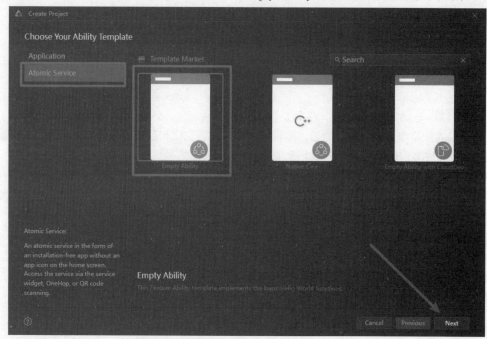

图 13.1 创建元服务工程

进入创建项目页面。在 Model 选项右侧的下拉列表中选择 Stage 模型，然后单击 Finish 按钮，如图 13.2 所示。

图 13.2 选择模型

# 13.3 构建登录页面

登录页面是用户进入"马背上的家乡"元服务后首先看到的页面，它的主要功能是让用户输入账号和密码进行登录验证。验证成功后就会进入应用的首页。"马背上的家乡"元服务登录页面的实现代码如下（案例文件：第 13 章 /.../pages/login.ets）：

```
import router from '@ohos.router'
@Entry
@Component
struct LogInPage {
  @State message: string = '登录'
  @State username: string = ''
  @State password: string = ''
  build() {
    Column(){
      Image($r("app.media.logo")).width(400).margin({
        bottom:60
      })
      Column(){
        Text("用户名").fontWeight(FontWeight.Bold).margin({
          bottom:14
        })
        Row(){
          Image($r("app.media.user")).width(30)
          TextInput({
            placeholder:"请输入用户名",
            text:this.username
          }).width("70%")
          .onChange((value:string) => {
            this.username = value
          })
          .margin({
            bottom:14,
            left:14
          })
        }
        Divider().width("80%").margin({
          bottom:14
        })
        Text("密码").fontWeight(FontWeight.Bold).margin({
          top:10,
          bottom:14
        })
        Row(){
```

```
      Image($r("app.media.password")).width(30)
      TextInput({
        placeholder:" 请输入密码 ",
        text:this.password,
      }).width("70%")
        .onChange((value:string) => {
          this.password = value
        })
        .margin({
          bottom:14,
          left:14
        })
        .type(InputType.Password)
    }
    Divider().width("80%").margin({
      bottom:14
    })
  }.alignItems(HorizontalAlign.Start)
  Row(){
    Blank()
    Text(" 忘记密码? ").fontColor('#ffcac7c7')
  }.width("60%").margin({
    left:50,
    top:20
  }).onClick(()=>{
    router.pushUrl({
      url:"pages/tabs"
    })
  })
  Button(" 登录 ").width(150).backgroundColor('#1086f0')
    .margin({
      top:30,
      bottom:30
    }).onClick(() => {
    router.pushUrl({
      url:"pages/tabs",
      params:{
        name:this.username
      }
    })
  })
  Text(" 立即注册 ").margin({
    top:20
  }).fontColor('black')
    .onClick(()=>{
      router.pushUrl({
        url:"pages/RegisterPage"
      })
```

```
        }).fontWeight(FontWeight.Bold)
    }.backgroundImage('/picture/background.jpg',ImageRepeat.NoRepeat)
    .backgroundImageSize(ImageSize.Cover)
    .border({width: 1})
    .width("100%").height("100%").alignItems(HorizontalAlign Center).
    justifyContent(FlexAlign.Center)
    }
}
```

执行上述代码，登录页面的运行效果如图 13.3 所示。

图 13.3　登录页面的运行效果

当用户单击"登录"按钮时，系统会验证输入的用户名和密码是否正确。如果验证成功，则跳转到元服务首页；否则，提示登录失败。

为了突出该元服务的主题，使用 backgroundImage 属性控制页面背景，选用蒙古包来凸显该元服务的文化特色。页面主题分为 Logo 区、用户名和密码文本区、登录和注册按钮区，合理使用 ArkUI 组件构建一套美观的登录页面。

## 13.4　自定义底部导航页签

自定义底部导航页签在移动应用中起着关键作用。它们不仅提供了导航和定位的功能，使用户可以轻松浏览应用的各个部分，而且由于位于手机屏幕底部，便于用户操作。这种设计不仅增强了用户体验，还提高了应用的可用性和可发现性。

通过保持一致的用户界面，底部导航页签还有助于用户更快地适应不同的应用程序，并且也能在设计方面提升应用的整体品质。自定义底部导航页签的实现代码如下（案例文件：第 13 章 /.../pages/tabs.ets）：

```
import {homepage} from './homepage'
import router from '@ohos.router';
import {CommuityPage} from './dynamic'
import {Personal} from './Personal'
@Entry
@Component
struct Index {
  @State currentIndex: number = 0
  private controller: TabsController = new TabsController()
  @State filterText: string = ''; // 添加一个状态用于保存搜索框的值
  // 自定义导航页签的样式
  @Builder TabBuilder(title: string, targetIndex: number, selectedImg: Resource,
  normalImg: Resource) {
    Column() {
      Image(this.currentIndex === targetIndex ? selectedImg : normalImg)
        .size({width: 25, height: 25})
      Text(title)
        .fontColor(this.currentIndex === targetIndex ? '#28bff1' : '#8a8a8a')
    }
    .width('100%')
    .height(50)
    .justifyContent(FlexAlign.Center)
    .onClick(() => {
      this.currentIndex = targetIndex
      this.controller.changeIndex(this.currentIndex)
    })
  }
  build() {
    Column() {
      Tabs({
        barPosition: BarPosition.End,
        controller: this.controller
      }) {
        TabContent() {
          homepage()
        }.tabBar(this.TabBuilder('首页', 0, $r('app.media.indexinco'), $r('app.
        media.indexinco')))
        TabContent() {
          Column() {
            CommuityPage()
          }.size({width: '100%', height: '100%'})
        }.tabBar(this.TabBuilder('内蒙古动态', 1, $r('app.media.dongtai2'), $r('app.
        media.dongtai2')))
        TabContent() {
```

```
        Column() {
          Personal()
        }.size({width: '100%', height: '100%'})
      }.tabBar(this.TabBuilder(' 我的 ', 2, $r('app.media.user1'), $r('app.media.
      user1')))
    }.scrollable(false) // 禁止滑动切换
  }
  .width('100%')
  .height('100%')
  }
}
```

执行上述代码，自定义底部导航页签的运行效果如图 13.4 所示。

图 13.4　自定义底部导航页签的运行效果

由图 13.4 和上述代码可知，页面组件以 @Entry 和 @Component 注解标识，并命名为 Index。导入了相关组件和库，并定义了一系列状态变量，如 currentIndex 和 filterText，用于管理页面状态。通过 Tabs 组件实现了标签页功能，每个标签页对应不同的子页面（如 homepage、CommuityPage 和 Personal），并提供了自定义导航页签样式的功能。

## 13.5　构建首页页面

首页页面是"马背上的家乡"元服务的门户，承载着多个重要功能。首先，它是用户与网站或应用程序首次接触的地方，因此扮演着传达品牌形象、引导用户的角色。其次，首页提供了对整体内容的概览，使用户可以快速了解核心特点和价值。同时，通过明确的导航和吸引人的设计，首页还能促进用户转化和完成有意义的行为。此外，首页也是展示品牌定位和风格的平台，有助于增强用户对品牌的认知。最后，通过优化首页内容和结构，还能提高页面流量和搜索引擎优化效果。因此，首页页面在网站或应用程序中扮演着不可或缺的关键角色。首页页面构建过程如下（案例文件：第 13 章 /.../pages/homepage.ets）。

**1. 页面内导航代码**

首页页面内的导航是必不可少的，仿照 13.4 节中自定义底部导航页签的设计，不同之处在于页面内导航是直接嵌入页面中的。其主要功能是控制显示三大主题内容：民族文化、特色美食和自然景观。实现该功能的核心代码如下：

```
Tabs({barPosition: BarPosition.Start,controller: this.controller}) {
    // 页面 1
    TabContent() {
        // 页面内容，包括图片、文字等
    }.tabBar(this.TabBuilder(0, '自然景观'))

    // 页面 2
    TabContent() {
        // 页面内容，包括图片、文字等
    }.tabBar(this.TabBuilder(1, '民族文化'))

    // 页面 3
    TabContent() {
        // 页面内容，包括图片、文字等
    }.tabBar(this.TabBuilder(2, '特色美食'))
}
```

上述代码中创建了一个 Tabs 组件，其中包含三个标签页（页面 1、页面 2、页面 3）。每个标签页的内容由 TabContent() 函数定义，而标签栏（tabBar）则由 TabBuilder() 函数定义。TabBuilder() 是一个自定义的函数，其根据给定的索引和名称构建一个标签栏。

实现页面内导航功能的自定义类 TabBuilder 的代码如下：

```
@Builder TabBuilder(index: number, name: string) {
  Column() {
    Text(name)
    .fontColor(this.currentIndex === index ? this.selectedFontColor : this.
    fontColor)
      .fontSize(16)
      .fontWeight(this.currentIndex === index ? 500 : 400)
      .lineHeight(22)
      .margin({top: 0, bottom: 0})
  }.width('100%')
}
```

由上述代码可知，TabBuilder 是一个构建页面内导航标签的自定义类，它接收两个参数：index（标签的索引）和 name（标签的名称）。这个自定义类生成一个可单击的标签，用于页面内导航。

在"马背上的家乡"元服务中，页面内导航主要用于控制显示民族文化、特色美食和自然景观三大主题内容。通过这种导航方式，用户可以方便地在页面内切换不同主题，从而提高用户体验和页面的可导航性。

### 2. 轮播图及其搜索框的实现

轮播图可以吸引用户的注意力，并使页面更加生动活泼。搜索框则提供了一个方便快捷的方式，使用户可以按需查找信息，从而提高了用户的满意度和使用便捷性。实现轮播图及其搜索框的核心代码如下：

```
Swiper() {
  Image($r('app.media.swiper1'))
    .width("100%")
    .height("200vp")
  Image($r('app.media.swiper2'))
    .width("100%")
    .height("200vp")
}
Search({
  value: this.filterText, // 将搜索框的值与 filterText 关联
  placeholder: ' 输入搜索关键字 ...',
  //controller: this.controller
})
```

上述代码主要运用到了 Swiper 和 Search 组件，实现了轮播图及其搜索框的需求。

### 3. 主要页面显示

首页由三个页面组成，分别是自然景观、民族文化和特色美食。这三个页面全方位地展示了元服务主题中的地方特色，对本地的特色进行深入介绍。

首页的三个页面的实现代码较多，这里仅列举其中一个页面的核心代码。

```
TabContent() {
  Column(){
    Row(){
      Image($r("app.media.hlbe")).width(150)
      Column(){
        Text(" 呼伦贝尔草原 ").margin({left:14,bottom:10}).fontSize(20)
        Text(" 内蒙古呼伦贝尔 ").margin({left:14}).fontSize(15)
      }
    }.onClick(() => {
      router.pushUrl({
        url: "content/hlbe",
        params: {    // 传递参数
          name: " 栗子 "
        }
      })
    })
    .margin({
      top:20
    })
    Row(){
      Image($r("app.media.shamo")).width(150)
```

```
    Column(){
      Text("巴丹吉林沙漠").margin({left:14,bottom:10}).fontSize(20)
      Text("内蒙古阿拉善").margin({left:14}).fontSize(15)
    }
  }.onClick(() => {
    router.pushUrl({
      url: "content/shamo",
      params: {    // 传递参数
        name:"栗子"
      }
    })
  })
  .margin({
    top:20
  })
  Row(){
    Image($r("app.media.wuhai")).width(150)
    Column(){
      Text("乌梁素海").margin({left:14,bottom:10}).fontSize(20)
      Text("内蒙古乌拉特前旗").margin({left:14}).fontSize(15)
    }
  }.onClick(() => {
    router.pushUrl({
      url: "catID/liziPage",
      params: {    // 传递参数
        name:"栗子"
      }
    })
  })
  .margin({
    top:20
  })
}.width("90%").height("100%").alignItems(HorizontalAlign.Start).
justifyContent(FlexAlign.Start)
}.tabBar(this.TabBuilder(0, '自然景观'))
```

由上述代码可知，首页页面允许用户浏览不同类别的内容，如自然景观、民族文化和特色美食，并通过选项卡进行切换。

总体而言，该首页页面具有以下特点和功能。

- 良好的布局设计：通过适当的排列和布局，使页面内容清晰易读。
- 交互性强：添加了单击事件处理函数，实现了用户单击后的页面跳转功能。
- 多样化的内容展示：展示了不同类别的内容，满足了用户多样化的浏览需求。
- 搜索功能：提供了搜索框，使用户可以根据关键字搜索感兴趣的内容。
- 使用了 Tabs 组件进行页面内容切换，增强了用户体验。

### 4. 详情页面显示

在首页页面中，每个选项卡下都列有相应类别的内容，用户单击后可跳转至详细页面。每个选项卡都对应着一个详情页面的显示。详情页面由风景图片、景点名称、景点位置、景点类型、景点介绍五部分组成。具体的实现代码如下：

```
@Entry
@Component
struct dalianPage {
  @State name: string = '呼伦贝尔草原'
  @State position: string = '内蒙古呼伦贝尔'
  @State character: string = '旅游胜地'
  @State introduce: string = '呼伦贝尔草原,位于中国内蒙古自治区东北部,以其广袤无垠的草原、
清澈的湖泊和丰富的民族文化而闻名。这里是大自然的杰作,也是人类与自然和谐共生的典范。'
  @State introduce1: string = '在呼伦贝尔,你还可以体验到浓厚的民族文化。这里是蒙古族的故乡,
蒙古族人民以其独特的语言、服饰、音乐、舞蹈等文化形式,展示了这片土地的独特魅力。在草原上,你
可以看到蒙古包点缀其间,这是蒙古族传统的居住方式,也是他们游牧生活的象征。此外,那达慕大会等
节庆活动也是体验蒙古族文化的好时机,你可以参与到赛马、摔跤、射箭等比赛中,感受蒙古族人民的热
情和活力。'
  build() {
    Row() {
      Column() {
        Image($r("app.media.hlbe")).width(300)
        Column(){
            Text(this.name).fontSize(20).fontWeight(FontWeight.Bold).
            margin({top:10,bottom:10})
            Text(this.position).fontSize(20).fontWeight(FontWeight.Bold).
            margin({bottom:10})
            Text(this.character).fontSize(20).fontWeight(FontWeight.Bold).
            margin({bottom:10})
          Text(this.introduce).fontSize(20).fontWeight(FontWeight.Normal)
          Text(this.introduce1).fontSize(20).fontWeight(FontWeight.Normal)
          //Text(this.introd).fontSize(20).fontWeight(FontWeight.Normal)
        }
      }
      .width('100%')
    }
    .height('100%')
    .backgroundImage('/picture/back.jpg', ImageRepeat.NoRepeat)
    .backgroundImageSize(ImageSize.Cover)
    .border({width: 1})
  }
}
```

上述代码中将数据直接写入页面中，这样更利于读者学习和理解。在真正的项目中，通常采用模块化的方式构建页面模板，并预留数据接口。读者可以学习本章的代码，对案例代码进行修改，以满足真实项目的需求。

综上所述，我们完成了首页页面的构建，分别经历了页面内导航代码、轮播图及其搜索框的实现、主要页面显示、详情页面显示四个过程。最终实现的首页页面如图 13.5 所示。

（a）自然景观展示　　　　（b）民族文化展示　　　　（c）特色美食展示

图 13.5　首页页面

最终的首页页面设计合理，功能丰富，能够有效地引导用户浏览和交互，从而提升应用的用户体验。

综上所述，本节详细介绍了如何在移动应用中实现首页页面的构建，通过良好的布局设计和交互性强的特点，提升了用户体验和应用的可导航性，使应用具备了吸引用户、展示内容和搜索等多个重要功能。

## 13.6　构建动态页面

动态页面是一种社交化的内容展示平台，其主要作用在于促进用户之间的互动和内容分享。用户可以发布、浏览和评论动态内容，提供了一个交流的空间。这种社交互动不仅增强了用户之间的联系，也增加了用户对平台的黏性和活跃度。同时，动态页面也为用户提供了一个分享自己生活、观点和兴趣的平台，从而推广了各种形式的内容，包括文字、图片等。

构建动态页面采用了模块化的结构设计，创建了 dynamic.ets 作为数据来源，Moments.ets 作为自定义组件页面。构建过程如下（案例文件：第 13 章 /.../pages/dynamic.ets）。

### 1. 构建自定义组件

自定义组件的目的是在于封装和减少重复代码。具体代码如下：

```
import router from '@ohos.router'
@Entry
@Preview                    // 添加后才可预览
@Component
export struct Mycomponent{
  @State text: string = "text"
```

```
@State textx: string = "textx"
@State img: Resource = $r("app.media.logo")
@State text1: string = "text1"
@State text1x: string = "text1x"
@State img1: Resource = $r("app.media.logo")
build() {
  Row(){
    Column() {
      Image(this.img).width(170).height(150)
        .sharedTransition('sharedImage1', {duration: 1000, curve: Curve.
        Linear })
        .onClick(() => {
          // 单击小图时路由跳转至下一页面
          router.pushUrl({url: 'pages/sharedTransitionDst',params:{
            text:this.text,
            img:this.img
          }});
        })
      Text(this.textx).width(170)
      Row(){
        Image($r("app.media.pyqtouxiang")).width(30).height(30)
        Text(this.text).width(170).fontSize(15)
      }.width(170)
    }.margin({
      bottom:20
    })
    Column() {
      Image(this.img1).width(170).height(150)    //fillColor 只对 svg 格式起作用
        .sharedTransition('img1', {duration: 1000, curve: Curve.Linear})
        .onClick(() => {
          // 单击小图时路由跳转至下一页面
          router.pushUrl({url: 'pages/sharedTransitionDst',params:{
            text1:this.text1,
            img1:this.img1
          }});
        })
      Text(this.text1x).width(170)
      Row(){
        Image($r("app.media.pyqtouxiang")).width(30).height(30)
        Text(this.text1).width(170).fontSize(15)
      }.width(180)
    }.margin({
      bottom:20,
      left:10
    })
  }
}
}
```

上述代码定义了一个名为 Mycomponent 的组件，通过导入 router 模块，并使用 @Entry 和
@Preview 注解，使该组件可以在应用中被预览。

该组件包含了一系列状态变量，如文本和图片资源，用于动态渲染组件内容。在 build() 方法中，
通过嵌套的 Row() 和 Column() 布局组件，实现了两个图片和相关文本的展示，并为图片添加了单击事
件，单击后跳转至下一页面，并传递相应的参数。整体而言，Mycomponent 组件用于展示图片和文本，
并实现了路由跳转功能。

**2. 构建数据来源页面**

数据来源页面的构建过程如下。以前端为例，读者可以根据自身情况对接数据接口，以显示更多
的内容。

```
import router from '@ohos.router'
import {Mycomponent} from '../assembly/Moments'
@Entry
@Component
export struct CommuityPage {
  private scroller: Scroller = new Scroller()
  @State message: string = 'Hello World'
  build() {
    Column() {
      Scroll(this.scroller) {
        Column(){
          Mycomponent({
            textx: "",
            text: "",
            img: $r("app.media.pyq1"),
            text1x: "",
            text1: "",
            img1: $r("app.media.pyq2")
          })
          Divider()
          Mycomponent({
            textx: "",
            text: "",
            img: $r("app.media.pyq3"),
            text1x: "",
            text1: "",
            img1: $r("app.media.pyq4")
          })
        }
      }.height("100%")
    }
  }
}
```

上述代码定义了一个名为 CommuityPage 的组件，该组件通过导入 router 模块和另一个名为
Mycomponent 的组件，并使用 @Entry 和 @Component 注解标识为入口组件。

在 build() 方法中，使用 Column() 和 Scroll() 组件实现了页面的垂直布局和滚动效果，其中 Scroll()
组件内部嵌套了两个 Mycomponent 组件，每个 Mycomponent 组件用于展示一条社区动态，通过传递不

同的文本和图片资源参数，动态渲染页面内容。整体而言，CommuityPage 组件用于展示社区动态，并实现了滚动效果。

通过构建自定义组件和数据来源页面，最终的页面效果如图 13.6 所示。

图 13.6　最终的页面效果

综上所述，本节介绍了如何构建动态页面，通过自定义组件和数据来源页面的构建过程，实现了社交化内容展示功能，包括浏览动态内容、展示图片和文本，并实现了路由跳转和滚动效果。

## 13.7　构建个人中心页面

通过个人中心页面，可以满足用户的个性化需求和提升整体的用户体验。此外，还可以帮助用户更好地了解自己在平台上的活动情况。

个人中心页面的设计仅使用了基础组件进行构建，读者可以根据对应接口进行重构，以实现与服务端数据的交互。核心实现代码如下（案例文件：第 13 章 /.../pages/Personal.ets）：

```
interface MenuToType{
  title:string;
  url:Resource;
}
@Entry
@Component
export struct TabUser {
  @State nickname: string = ' 马背上的家乡 ';
  @State signature: string = '00001';
  @State menuTopList:MenuToType[] = [
    {
      title:" 内蒙古动态 ",
      url:$r("app.media.t1")
```

```
    },
    {
        title:" 自然景观 ",
        url:$r('app.media.t2')
    },
    {
        title:" 特色美食 ",
        url:$r('app.media.t3')
    },
    {
        title:" 民族文化 ",
        url:$r('app.media.t4')
    }
];
@State MenuList: MenuToType[] = [
    {
        title: " 马背上的家乡 ",
        url: $r('app.media.tasks')          // 任务页面的链接
    },
    {
        title: " 通知 ",
        url: $r('app.media.notice')         // 通知页面
    },
    {
        title: " 内蒙古自治区简介 ",
        url: $r('app.media.profile')        // 简介页面
    },
    {
        title: " 个人资料 ",
        url: $r('app.media.personal')       // 个人资料页面
    },
    {
        title: " 设置 ",
        url: $r('app.media.settings')       // 设置页面
    },
    {
        title: " 帮助与反馈 ",
        url: $r('app.media.help')           // 帮助与反馈页面
    }
];
build() {
    Column() {
        Column(){
            Flex({justifyContent:FlexAlign.Start,alignItems:ItemAlign.Center}){
                Image($r('app.media.gege'))
                    .width(50)
                    .height(50)
```

```
          .borderRadius(60)
          .margin({right:10})
      Column(){
        Text(this.nickname)
          .fontSize(16)
          .width('100%')
          .textAlign(TextAlign.Start)
        Text('ID: '+this.signature)
          .fontSize(12)
          .margin({top:5})
          .textAlign(TextAlign.Start)
          .width('100%')
      }
    }
    .width('100%')
    Flex({justifyContent:FlexAlign.SpaceAround}){
      Column(){
        Text('10')
          .fontSize(16)
        Text(' 关注 ')
          .fontSize(14)
      }
      Column(){
        Text('100')
          .fontSize(16)
        Text(' 收藏 ')
          .fontSize(14)
      }
      Column(){
        Text('300')
          .fontSize(16)
        Text(' 访客 ')
          .fontSize(14)
      }
      Column(){
        Text('90')
          .fontSize(16)
        Text(' 点赞 ')
          .fontSize(14)
      }
    }.margin({top:30})

}.width('100%')
.padding(20)
.height(200)
.backgroundImage($r('app.media.bgg22'))
Column(){
```

```
        Row(){
          ForEach(this.menuTopList, (item:MenuToType) => {
            Column()
            {
              Image(item.url)
                .width(40)
              Text(item.title)
                .width('100%')
                .fontSize(14)
                .margin({top:10})
                .textAlign(TextAlign.Center)
            }.width('25%')
          })
        }.width('100%')
        .backgroundColor('#ffffff')
        .borderRadius(15)
        .padding(15)
        Column(){
          ForEach(this.MenuList, (item:MenuToType) => {
            Row(){
              Row(){
                Image(item.url)
                  .width(20)
                  .margin({right:10})
                Text(item.title)
                  .fontSize(14)
              }
              Image($r('app.media.g1'))
                .width(15)
            }.width('100%')
            .justifyContent(FlexAlign.SpaceBetween)
            .borderWidth({bottom:1})
            .borderColor('#f7f7f7')
            .padding({top:12,bottom:12})
          })
        }
        .backgroundColor('#ffffff')
        .borderRadius(15)
        .padding(15)
        .width('100%')
        .margin({top:10})
      }
      .width('100%')
      .padding(15)
      .margin({top:-40})
    }
    .backgroundColor('#f7f7f7')
    .height('100%')
```

```
    .width('100%')
  }
}
```

执行上述代码，个人中心页面运行效果如图 13.7 所示。

图 13.7　个人中心页面运行效果

上述代码定义了一个名为 TabUser 的组件，该组件内部包含了多个布局元素，分别展示了用户的个人信息、统计数据，以及菜单列表。整体结构通过 Column、Row 和 Flex 等组件进行组织，确保了信息的垂直和水平对齐。

在 TabUser 组件中，首先通过 Column 组件包裹了用户的基本信息区域。该区域通过 Flex 组件排列，包含了用户的头像、昵称、签名和一些统计信息（如"关注""收藏""访客"和"点赞"）。其中，头像使用了 Image 组件，并设置了圆形边框和固定尺寸；昵称和签名则通过 Text 组件显示，并使用了fontSize、margin 等属性进行样式调整。

接下来是顶部菜单部分，采用了 ForEach 循环动态渲染 menuTopList 数组中的内容。每个菜单项包含一个图标和标题，使用 Column 组件包裹，确保图标和标题垂直对齐。通过 width('25%') 设置每个菜单项的宽度，使得菜单项能够均匀地分布在一行中。

最后是功能菜单部分，通过 ForEach 遍历 MenuList 数组渲染每个菜单项。每个菜单项包含一个图标、标题和一个右侧的额外图标。Row 组件被用于水平排列图标和文字，而 FlexAlign.SpaceBetween 确保了左右两端的对齐。通过设置 borderWidth 和 borderColor，使每个菜单项之间形成了分隔线，使得整个菜单区域更具层次感。

总体来看，TabUser 组件的布局清晰、整洁，并且采用了响应式设计，能够根据屏幕大小自动调整各个元素的排列方式。通过灵活使用 Flex 和 Column 布局组件，能够有效地管理组件的显示顺序和对齐方式，保证了良好的用户体验。

## 13.8　构建风景展示服务卡片

鸿蒙的服务卡片是鸿蒙操作系统的一种界面展示形式，它将重要信息或操作前置到服务卡片上，以达到服务直达、减少体验层级的目的。构建风景展示服务卡片的实现代码如下（案例文件：第 13 章 /.../

```
Struct Card
    {
  Stack() {
    Image($r("app.media.back"))
      .objectFit(ImageFit.Cover)
    Column() {
      Text(`${this.currentSceneIndex+1}`+'.'+`${this.title[this.
        currentSceneIndex]}`)
        .fontSize(18)
      Row() {
        Text(`${this.where[this.currentSceneIndex]}`)
          .fontSize(15)
          .margin(3)
      }
      Text(`${this.time[this.currentSceneIndex]}`)
        .fontSize(12)
        .margin({top:5})
      Image('images/'+`${this.img[this.currentSceneIndex]}`+".png")
        .width("100%")
        .height("50%")
        .onClick(() => {
        })
        .margin({top:10})
      if(this.ende){
        Button(' 到尽头了 ')
          .margin(1)
          .fontSize(10)
          .fontColor(Color.White)
          .backgroundColor("#499c54")
          .padding({left: '2vp', right: '2vp'})
          .width("100%")
          .height("10%")
          .margin({top: '4vp'})
      }else {
        if (this.flag[this.currentSceneIndex]=='1'){
          Button(' 下一个 ')
            .margin(1)
            .fontSize(10)
            .fontColor(Color.White)
            .backgroundColor("#499c54")
            .padding({left: '2vp', right: '2vp'})
            .width("100%")
            .height("10%")
            .margin({top: '4vp'})
            .onClick(() => {
```

```
                this.onNextScene();
            });
        }
        else {
          Button(' 下一个 ')
            .margin(1)
            .fontSize(10)
            .fontColor(Color.White)
            .backgroundColor("#499c54")
            .padding({left: '2vp', right: '2vp'})
            .width("100%")
            .height("10%")
            .margin({top: '4vp'})
            .onClick(() => {
              this.onNextScene();
            });
        }
      }
    }
    .alignItems(HorizontalAlign.Start)
    .padding($r('app.float.column_padding'))
  }
  }
}
}
```

上述代码定义了一个名为 **Card** 的组件，用于展示风景。其特点包括多状态管理、动态渲染、交互、组件嵌套、事件处理、样式设置、动态图片加载、条件渲染和模块化设计。执行上述代码，运行效果如图 13.8 所示。

**图 13.8 风景展示服务卡片运行效果**

由图 13.8 可知，风景展示服务卡片能够根据状态动态渲染活动卡片内容和按钮，实现了简洁而灵活的活动展示功能。

综上所述，风景展示服务卡片通过多状态管理、动态渲染、交互和组件嵌套等技术，实现了简洁而灵活的卡片展示功能，用户可以通过按钮交互来浏览不同的内容，从而提升了用户体验。

# 13.9 本章小结

本章详细介绍了实战项目"马背上的家乡"元服务的开发过程。首先，对项目背景进行了介绍，指出了民族文化传承和保护的重要性，并明确了项目的目标和特点。通过具体的步骤介绍了创建应用、构建登录页面、自定义底部导航页签、构建首页页面、构建动态页面、构建个人中心页面以及构建风景展示服务卡片等过程。

在应用创建和各页面构建过程中，重点介绍了使用 HarmonyOS 元服务技术，采用自定义组件和页面构建等方式，实现了项目中各个功能模块的开发。

通过构建登录页面、首页页面、个人中心页面等，使用户可以方便地浏览民族文化、特色美食和自然景观等内容，从而提升了用户体验。同时，动态页面的构建以及风景展示服务卡片的设计，进一步丰富了应用的内容展示形式，增加了用户的互动性和参与度。

通过本章的学习，读者可以了解到如何利用 HarmonyOS 元服务技术开发应用，并且可以根据实际需求进行功能模块的构建和优化，从而提升应用的质量和用户体验。

# 参考文献

［1］倪雨晴. 纯血鸿蒙崛起的 Allin 之力 [N]. 21 世纪经济报道，2024-07-05(012).

［2］华为公司. 鸿蒙生态应用开发白皮书 V3.0[EB/OL].[2024-10-23].https://developer.huawei.com/consumer/cn/doc/guidebook/harmonyecoapp-guidebook-0000001761818040.

［3］孙永杰. 迈入新阶段华为鸿蒙从兼容走向原生 [J]. 通信世界，2024(03):5.

［4］张方兴. 鸿蒙入门 HarmonyOS 应用开发 [M]. 北京：人民邮电出版社，2023.

［5］程晨. 鸿蒙应用开发入门 [M]. 北京：人民邮电出版社，2022.

［6］胡志锴. 基于合法性视角的平台生态系统成长机理研究——以鸿蒙操作系统为案例 [D]. 北京：北京化工大学，2023.

［7］宋頔. 面向用户偏好分类的智能手表游戏化设计策略研究——以运动健康类应用为例 [D]. 哈尔滨：哈尔滨工业大学，2023.

［8］ANDREW J. BRUST. With TypeScript, Microsoft Embraces and Augments[J]. Visual Studio magazine, 2012, 22(11):48.

［9］BEN READ. USE TYPESCRIPT TO BUILD STYLED COMPONENTS[J]. Net, 2019(Sep. TN. 323):82–85.

［10］PETER VOGEL. Understanding TypeScript[J]. MSDN Magazine, 2015, 30(1):52–56.

［11］Go Beyond JavaScript with TypeScript[J]. PC Quest, 2013(Mar. ):72–73.

［12］钟胜平. TypeScript 入门与实战 [M]. 北京：机械工业出版社，2020.

［13］刘玥，张荣超. 鸿蒙原生应用开发：ArkTS 语言快速上手 [M]. 北京：人民邮电出版社，2024.

［14］刘安战，余雨萍，陈争艳. HarmonyOS 移动应用开发（ArkTS 版）[M]. 北京：清华大学出版社，2023.

［15］范承宇，李竞择，欧阳迪. 基于方舟开发框架的智能装备监控应用研究 [J]. 机电产品开发与创新，2024，37(2):114–117.

［16］连志安. OpenHarmony 当前进展和未来趋势 [J]. 单片机与嵌入式系统应用，2023，23(11):4–9,13.

［17］张益晖. 鸿蒙 HarmonyOS 移动开发指南 [M]. 北京：中国水利水电出版社，2024.

［18］李毅，任革林. 鸿蒙操作系统设计原理与架构 [M]. 北京：人民邮电出版社，2024.

［19］梅海霞，吉淑娇，秦宏伍. 鸿蒙应用程序开发 [M]. 北京：清华大学出版社，2023.

［20］钟元生，林生佑，李浩轩，等. 鸿蒙应用开发教程 [M]. 北京：清华大学出版社，2022.

［21］程晨. 鸿蒙 eTS 开发入门 (6)Swiper 组件 [J]. 无线电，2023(2):67–68.

［22］刘小芬. 鸿蒙系统架构及应用程序开发研究 [J]. 电脑编程技巧与维护，2021(12):3–5，12.

［23］邓文达，史劲，李礼. 鸿蒙系统应用开发项目化教程 [M]. 北京：中国水利水电出版社，2024.

［24］刘兵. 鸿蒙应用开发从零基础到实战——始于安卓，成于鸿蒙 [M]. 北京：中国水利水电出版社，2022.

［25］杨晋，程晨. 鸿蒙应用低代码开发 [M]. 北京：人民邮电出版社，2024.

［26］都秉甲，丁飞，刘春君，等. 基于 HarmonyOS 与 NB-IoT 的城市共享停车系统设计与性能评估 [J/OL]. 无线电工程，1-7[2024-08-28].

［27］李永华，贾凡. 鸿蒙 App 案例开发实战——生活应用与游戏开发 30 例 [M]. 北京：清华大学出版社，2023.

［28］李永华. 鸿蒙应用开发教程 [M]. 北京：清华大学出版社，2023.

［29］殷立峰，杨同峰，马敬贺，等. 鸿蒙 OS 智能设备开发基础 [M]. 北京：清华大学出版社，2023.